U0048848

# 高績效
# 主管帶人術

## 上司滿意 × 下屬服氣 × 團隊獲利的8大實戰秘訣

企業輔導顧問—企管講師

張力仁 著

# contents 目錄

# 成功主管必備的當責聖經

聯聖集團董事長 陳宗賢

認識張力仁先生是在我們共同主持的聯聖企管讀書會中，從其分享表達的內容就知張先生有著豐富的人資經驗與歷練，後經互動更加認識其豐富的工作資歷。

而今看到即將出版的《高績效主管帶人術》一書中詳盡地整理出一位當責成功的主管必備知能，甚表認同。因為我在這近 50 年來擔任專業總經理與執行長的職涯歷程中，就一直以此執行培養經營管理團隊，而在創立聯聖企管這 30 年來也持續著開設此類課程與認證班來協助企業界。因為企業經營的成功不是只有創辦者的決心，一旦公司成長擴大後，經營管理團隊的勝任稱職就變得非常重要，台灣就是有許多創業者憑著自我的創意，技能與努力開創事業，但是比較不重視菁英團隊的養成與擁有，以至於小微企業的占比就高達 98% 以上，這種獨夫式的經營雖然也能賺到錢卻是未能成長擴大，這主因就是缺乏勝任當責的管理團隊共襄盛舉。

而今，在此本書中看到有系統地將一位當責成功的管理者應備的知能與修為具體明確的整理分享提供實屬難得，因此樂為推薦，讓更多的人從此受益。

# 現學現用的主管實戰秘笈

澔楷科技總經理　戴學文

　　力仁（我們都稱他是大仁哥）是一位我很欣賞的企業講師，他幽默卻不失專業的風格、親切卻嚴謹負責的態度是他被所有企業人資喜愛的原因。半年前得知他多了一個斜槓——從講師跨足成為作家，將他平常為企業主管訓練課程準備的教材編整出書，這樣子那些沒機會上他的課的人就有福了。我有幸應邀在本書出刊前一窺綱要，分享我的一點心得。

　　我自己在過去 34 年的職涯裡，有 33 年是擔任主管職。我從剛畢業的小工程師做起，憑藉著過去在大學辯論社養成的機靈與善言很快地在第二年就被提拔擔任課長，就這樣走上不歸路，一路走過副理、經理、協理、副總、執行副總、總經理到上市櫃公司的總經理；擔任過的職務涵蓋研發、品保、行銷企劃與業務；待過不到 30 個員工的本地新創公司、也待過 8 萬多個員工的知名跨國企業。我深深體會到：「管理」是一個既有技術內涵又是門藝術的工作；同樣的管理法則應用到不同的機構就會有不同的情境與結果。還記得在我剛升任主管時，心裡是忐忑不安的，我是工程出身，從未學過管理也不知道甚麼是管理。所幸當時公司派我去參加各種管理

課程，一方面是要補充我缺乏的管理知識，另一方面我也就成為公司的「培訓種子」，將這些管理課程引進到公司裏，我也就順理成章地成為公司的內部講師，後來數度受邀擔任過外部機構的訓練講師，幾年下來我自己當然也就有一套主管培訓的「寶典」。當我讀到大仁哥的這本書時，第一個感覺是「英雄所見略同」，然後決定把我的古董「寶典」丟掉，因為這本書將會是這個時代給新任主管的新版「寶典」。

很多新任主管都是因為自己本身績效卓越、堪為表率所以才會被提拔擔任主管。但，自己做得好，帶群也會一樣好嗎？自己可以做到 90 分，部屬做不到 90 分就該被處罰或淘汰嗎？好的主管除了自己也要做好，更重要的是要讓別人也心甘情願地為他效勞，同時教導他讓他也可以跟自己做的一樣或更好。這一方面要靠主管個人的領導特質，另一方面就是管理技術。大仁哥的新書正可以讓所有新上任的主管在最短時間學到所有管理大師的智慧。本書的編排也非常有邏輯性，他是從新官上任前的心理建設（第一章新官上任前應有的準備）、到團隊建立（第二章目標設定與任務交辦）、然後任務執行（第三章計畫展開與日常管理）、遇到棘手狀況的處理（第四章問題分析與工作改善）、遇到難搞人員的處理（第五章主管的職場溝通藝術）、遇到落後或狀況外人員

的處理（第六章部屬培育與工作指導）、遇到人心浮動與歧見的處理（第七章團隊領導與共識建立）、最後是功過賞罰的激勵與再出發（第八章績效管理與員工發展），這是一個完整的管理週期，而且幾乎一個主管的日常都涵蓋了。我最喜歡本書的是除了是他可以當做一本工具書，介紹各種可以應用的管理表格與方法，同時每一章節都透過一個實際的管理情境作為開始，讓你知道這些管理藥方的 「適應症」，相信會讓主管更心有戚戚焉。

管理工具與方法是死的，人是活的。在實際應用工具與方法得要因人因地制宜，這也是「管理」這門技術也是藝術的地方。在此推薦大仁哥的這本新書給所有將上任、剛上任、已就任的新舊主管們，把手法融入心法，將知識變成習慣，讓我們的夥伴因為我們的領導管理而心甘情願地一起打拼。

# 最扎實的主管養成書

知名跨國記憶體品牌人資長　謝君屏

認識力仁多年，一直沒有機會親身參與他的課程，直到一次偶然的機會得以親炙他講課的風采，這才發現力仁結合了管理實務以及自身的反省及體悟，並將它融入自己的課程，實不愧為一位專業的講師。

我認為力仁是一個認真、SUPPORTIVE、能夠設身處地解決學員問題的講師，對於學員提問的每一個小細節都不放過。或許這是因為力仁從企業組織的基層出身，知道基層的想法，也真正理解基層的「苦」。難得的是當力仁成為主管後，並不懼怕「換位子就換了腦袋」的譏諷，反而鼓吹「換位子，就要換腦袋」，這是因為在組織高度分工的情況下，職務不同，任務自然不同，倘若仍用原職務的舊思維去面對新的挑戰，恐怕無法妥善達到組織目標。

書中有一段關於換位思考的描述讓我很有感觸：「自己當主管時覺得下面管不動，別忘了我們的主管可能也是這樣看我們。」常聽到很多人抱怨自己的主管是個 control freak，管東管西什麼都要管，有時候甚至還插手「幫忙」，結果反而搞出更大的問題。其實，抱怨別人很容易，但少有人會去

思考主管之所以緊迫盯人的原因，會不會其實問題是出在自己身上？力仁提到所謂「狀況共有」，就是要做到即時回報，目的是不要讓我們的上級主管，隨時處於「意外」的狀態。我非常認同這個說法。以記憶體製造業的團隊合作為例，業務負責接單，工廠負責生產，透過定期會議，彼此確認生產出貨狀況，在一般正常情況下，公司的經營就能順利運作。但倘若業務與生產彼此互不往來，接單和出貨狀況從不彼此更新，等到客戶反映未到貨，通常就是失去市場的前兆了。主管與部屬其實也是這樣的團隊合作關係，不管誰是業務誰是工廠，如果彼此能夠「狀況共有」，不要陷對方於「意外」情境，相信就不會有什麼 control freak 的問題了。

坊間的管理書籍多如牛毛，倘若要說力仁的書與其他有何差異，我會說這是一本過來人的經驗談，不見得能像職場「厚黑學」一樣教你詐，但可以在你從基層過渡到主管的過程中慢慢地、扎實地「無縫接軌」。

誠摯推薦給想扎實鍛鍊職場基本功的你。

# 全方位主管的教戰守則

知名連鎖餐飲店資深人資主管暨中華人力資源管理協會理事

于子棋

大部份的公司或組織在新人報到後，隨即啟動新進人員教育訓練，但新手主管上任後呢？

在我的職業生涯中歷經了幾次晉升主管的階段，在那幾段過程中，我的感受是連換工作面對新環境時，都不如成為新手主管時來得恐慌。每次我總會泛起一絲疑問，為何沒有新主管的教育訓練？相信有這種心情的人應該有很多吧！看到力仁的大作，我感到興奮不已，終於有同路人看到這個隱藏在許多人心中的需求了！

力仁寫這本書真的是佛心來著，他將主管會遇到各種狀況都想到了，並且一一寫進書裡。從上任前的準備，到目標設定、任務交辦、計畫展開、日常管理、問題分析、工作改善，甚至是溝通藝術、部屬培育、團隊領導、績效管理、員工發展……等等，所有擔任主管職所需要的硬技巧和軟實力都在其中。

每一個章節都看得到力仁的用心和他馳騁於職場的影子。書中舉的例子涵蓋公司內各個部門，很容易依場景對照

自身的處境並找到解方。此外，力仁將這些含金量極高的管理手法與領導心法，以自創「作、夥、動」、「個、位、好」、「情有可援」、「美問避答」的口訣，幫助讀者吸收與記憶，真的好貼心。

這本書的另一個亮點，是力仁將許多的管理工具納入其中，不但清楚地說明定義還佐以實例及圖表。像是一位顧問在新手主管身邊手把手的指導，讓人得以即讀即用。例如：SMART（目標設定的原則）、ATM（風險因應的法則）、FAST（落實工作管理法則）、5W2H、5WHYs、魚骨圖、User Story、三明治溝通法則、KASE 表、工作指導四步驟……等等。當我看完整本書時，細數這些實用的管理工具，除了替所有的主管和讀者能擁有這本好書而感到喜悅之外，也深深佩服力仁這些年來的勤勉好學，並將這些工具踐行於工作之中的成就。

我與力仁相識之初都是 HR 新手。如今已成為經營顧問的力仁，可以將他的專長之一以及多年的實務經驗不藏私的撰寫成書，實在是讀者的福氣。本書不僅是寫給主管閱讀的教戰守則，也是給 HR 的一份禮物。我想有了這本書，HR 可以節省好多編寫主管訓練教材的時間了！恭喜所有讀者！恭喜力仁！

# 主管是後天養成，而不是天生的。

　　不知道你是否還記得，第一次當主管時的模樣？是興奮、充滿自信，還是緊張、不知所措？

　　前一天本來大家還是同事，隔天之間就出現了階層關係，原本可以毫無保留的說天談地，突然開始講話時會有點謹慎，不知道怎麼講比較好；以前自己的工作自己負責，做不好也有上一層主管幫忙檢查錯字、提醒哪裡要注意，一瞬間變成是我要替別人的工作結果負責了，他們沒做好還情有可原，但是卻是我的管理不周？還有工作做的好要把功勞歸於上級，做不好卻全是我的責任。

　　你也可能是帶著過往的經驗來到新公司接任該部門的主管，面對每一個看著你的臉孔，心裏不知道是真心歡迎你，還是不懷好意地打量著你，甚或後面是一片光明還是深坑無限，無論如何，要怎麼短時間融入團隊，展現單位績效，是空降主管要面臨的課題。

　　沒有一個人天生就會當主管，即使我們事先閱讀了很多的書籍、上了很多的課程，都還是要我們真實遇到了那些狀況、處理過那些事情，累積了那些經驗，最後我們在某一天夜深人靜的時候，或者是在協助他人解決問題的時候，才驚

覺「原來主管是這麼一回事！」

　　自從當上主管之後，開心的日子也可能只有第一個星期，感受到當主管的光環以及職稱帶給的尊重感，但是之後隨即而來的，就是一連串工作上的壓力，向上溝通、向下領導，以及跨部門協調的挑戰。

　　部屬做不完，要不要幫他呢？幫他是不是他就學不會了？不幫他客戶又急的要死，該怎麼辦呢？每天光看部屬的東西就看不完了，根本沒有時間做自己的事，績效變差，如何是好？教了部屬好幾次，還是學不會、做不好，到底要用什麼語氣說話才不會傷到他的自尊心？

　　大家有沒有發現，其實大部分公司，都沒有系統性的教導我們要怎麼當好一位主管，然後就先讓你開始當主管了？一路走來，就是這樣知其然而不知其所以然的見招拆招，跌跌撞撞的邊做邊學怎麼當個主管。到頭來，還是不知道，到底要怎麼做，才算是一個好主管。要學習哪些專業、具備哪些技能、如何管理自己的時間、怎麼安排手邊的資源才能做好主管的工作？

　　身為一位企業輔導顧問與企管講師，因為我曾在企業任職 20 年，一路從基層員工到部門主管，所以深知擔任主管是一個什麼樣的辛苦過程與經歷。我也輔導過上百家企業與教導上千位企業主管，一起經歷如何從新手到熟手，好手變成

老手管理者的過程。

　　因為我知道要成為上司滿意、部屬服氣、團隊獲利的主管所付出的代價，也從輔導的客戶身上瞭解到從自我懷疑到滿懷信心的帶領團隊的過程。我親眼見證到要成為一個主管，是要經過多少的學習，與反思調整，而我的目標，就是幫助正在看這本書的你，達到相同的成果。

　　要成為好主管並不容易，本書的目的就是要將「主管管理學」變得淺顯直白。你將從中學到如何成為一個稱職的主管，並且能夠瞭解管理工作真正在做什麼？以及發覺讓團隊願意跟隨與執行的方法。你也會知道在漫長的管理週期當中，哪些時候要做什麼事，如何做，以及為什麼要這樣做。如此，就能幫助你在管理工作上提升專業度。

　　主管管理週期有三個階段：

　　①在「期初」的時候，我們將主管上任前應該有的準備，讓你明白為什麼當主管的心態建立這麼重要，在工作職掌的認知，對工作關係人的瞭解，以及在年度目標的展開與工作任務的分配上要注意什麼。接著，我會進一步帶領你進行工作計畫的展開與資源分配，如此一來，就能讓部門夥伴瞭解「為何而戰」，也有助於後續日常管理的執行。

　　②在「期中」的時候，我們會深入主管管理的過程。要如何與部屬進行「有點黏又不會太黏」的日常管理。你將學

會遇到管理問題時要如何拆解問題與制定決策，也將學會怎麼與部屬、跨部門進行清楚又有說服力的溝通技巧。另外我們也會示範當遇到部屬能力有落差的情況下，如何手把手地進行工作指導與培育，並提供你在團隊帶領的過程中，保持彈性的領導技巧。

③在「期末」的階段，我會告訴你如何公平的進行部屬表現的評核，以及因材施教的制定發展計畫。讀完本書後，你會知道成為一個主管應具備的心態、知識、能力，以及經驗。就管理上，你將成為那個「可以幫助組織更好」的領導者，並且也能夠幫助更多的部屬和你一起成長共好。

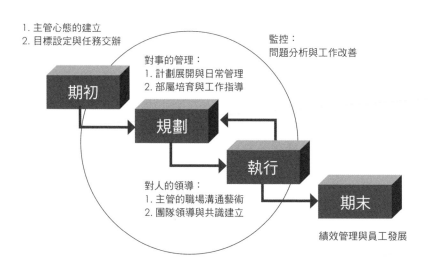

# 新官上任前應有的準備

一位管理者的工作就是將系統裡
各成員的努力加以整合，
以達成組織原先設定的目標。

戴明（W. Edwards Deming）

# 好主管從好心態開始

剛當上主管的心情，不管是興高采烈或者是戒慎恐懼，都必須得面對一件事情，就是接下來要帶領這個部門或工作團隊邁向什麼樣的未來。有幾個當主管應有的心態，可能需要讓你知道：

## ■ 主管潛力 人人都有

我們對於「未知」都會有「恐懼」，就如同你即使在駕訓班經過教練教導，以及層層關卡考驗下，才拿到了人生第一張汽車駕照，上路的第一天，你還是會非常緊張，甚至為了一點小小的交通狀況，都可能會在車上尖叫連連，或冒出一身冷汗。但是重點就在於，只要我們學習了駕駛，願意多把握每一個上路的機會，面對所有狀況，練習照著我們所學的技巧去處理（當然，還有太多狀況也不是駕訓班可以學到

的），最終我們都能夠在馬路上成為一個適應各種路況，又能平安到達目的地的駕駛。

即使是空降主管，過去雖有主管的經驗，但在人生地不熟的情況下，有些「過去」的方法，在「現在」這個地方與情境不見得完全適用，這就像在台灣的開車經驗，到了日本就要有一段心態與角度的改變，因為該國的環境是「右駕」，以及「靠左行駛」，而非我們慣用的「左駕」以及「靠右行駛」。而就算到了同樣是「左駕」又「靠右行駛」的美國，也會因為各州的交通法規不同，而有不同的駕駛習慣與規則。所以外來的和尚如果不懂得當地的風俗民情，唸出來的經也不見得就會比較有用。

總之，每一個人都有當主管的「潛力」，只要願意多加「練習」，就能夠勝任主管職務。


## ▲主管角色 當責承擔

如同前面所說，剛當上主管，就如同我們剛考上駕照，不代表我們能夠處理所有的路況，以及有信心馬上就能來個環島之旅。在開始上路的前一個月、兩個月，甚至半年，都有各式各樣的「路況」在等待考驗著我們。比方說，剛當上主管，就遇到品質異常的狀況被詢問要如何解決？或者遇到

現場同仁發生口角衝突，需要主管出面協調解決處理；或者是他部門前來告知我們同仁工作態度不佳，要請你給個交代⋯⋯等。再加上熟悉工作的內容、流程，以及處理的方式，自然需要花很多的時間。

說到這，就要提到主管與部屬角色的差異了，當我們還是部屬的時候，我們每天只要做好自己的事情就好。但是主管除了要「負責」把自己的事情做好之外，還要「當責」的校對與檢查同仁工作產出的品質，因為主管承擔了整個部門的績效結果。比方說業務人員只要跑完自己負責的客戶與完成本身應達到的業績目標，而業務主管要花時間檢核業務人員在執行業務的過程中，是否有符合公司的報價規定、處理過程是否符合誠信原則，並且針對業績數字檢視是否符合部門的目標設定與期望。

主管的角色有點像是一個家庭的爸媽或兄長，除了要維持家庭的運作之外，也要顧及家人的溫飽，因此主管必須比同仁有更多的「責任」去看頭看尾，就如同小時候每當颱風要來的時候，爸爸都會檢查家中所有的門窗是否穩固，家裡的存糧是否足夠；媽媽在平時都會巡視我們的房間是否整齊，除了嘴上叮嚀，也會不忘指導我們如何整理家務⋯⋯等。主管在部門內做的，就像爸爸媽媽的角色，盡心盡力，又有點囉唆。

這讓我想到過去我還是部屬的時候，主管都要再看一遍我上呈的工作，甚至會把文件退回來叫我重新修改（甚至錯字），只因為想要不斷確認這些完成項目是否有符合工作或目標的要求。

因此，主管在團隊帶領上要扮演的角色很多，不但要以身作則帶頭將自己的工作做好，扮演領頭羊的角色；也要能夠像軍師一樣，與團隊一起規劃工作執行方式；除了要了解職掌、工作內容、目標外，更需要花時間扮演心靈導師的角色，在與團隊成員的互動與溝通上，包含對同仁工作能力、特質，以及對工作的期待與管理期望等，能夠有近一步的認識與瞭解。重點是你「願意」和團隊「一起」面對與承擔所有狀況！如此在團隊溝通、士氣激勵，以及工作運作上，都能有很好的效果。

## ▲帶人帶心 莫忘初衷

相信很多主管都有以下的感覺：覺得同仁難搞，教不會或不願調整，搞到最後時間緊迫，乾脆自己下來做比較快！或者苦惱用什麼語氣說話才不會讓他不開心，願意為工作「多盡一分心力」？以及如何順暢調度人力，分配任務才會讓大家心甘情願，不覺得主管不公平。

我們常說：「換了位子，就要換腦袋」，這個意思是說，當我們轉換到不同職位的時候，要有不同的思考模式，以及看待事情的眼光。過去當我們還是同仁的時候，我們只要專注在「如何做」，當我們成為主管的時候，我們要花更多時間在「如何規劃」、「如何帶領」和「如何教」。而在團隊領導的過程當中，更重要的是「莫忘初衷」。

我們可以試回想一下，自己職涯歷程當中，最讓你敬佩與願意跟隨的主管是一個什麼樣貌？（如果你暫時沒有遇到，那也可以試想一下，你期望的好主管「不要」有哪些樣貌？）我自己在過往 20 年的職涯歷程當中，我最喜歡的主管是就事論事，喜歡和同仁一起討論工作方向與內容，認真的時候超級認真，執行中就完全放手讓我自己決定與處理，若發生變化無法處理時，有問題馬上反應不會被唸，不問反而被唸得更慘。工作之餘主管總是關心我們的狀態，玩樂嬉戲無所不能，他曾和我們承認他也不是萬能的，也是會犯錯，因此希望我們可以一起努力讓團隊績效更好，大家一起領滿滿的年終獎金！在這樣的主管帶領下，工作的時候很精實也很費力，但是心情上卻是收穫滿滿！也成為我未來想要成為的主管典範。

## ■向上管理 狀況共有

有了難搞的同仁，當然少不了難搞的主管，這樣才公平，這才是職場，對吧！（笑）

很多主管在日常管理的過程中會面臨最大的困擾常有：直屬主管和上一層主管同時交辦事情給我，大家都是我的老闆，我到底要聽誰的？老闆交代事情常常話中有話，也不說清楚，要如何了解他真正的想法與需求呢？真正報告給他又說不是這樣，我總覺得他早就有他的想法，要我想方案只是為了凸顯他自己的更好吧⋯⋯

既然團隊領導要「莫忘初衷」，向上管理就要「同理可證」，意思就是「不要忘了，老闆也是人！」

我們對於同仁的狀態（上面說的「聽不懂」、「教不會」、「表現不好」，甚至是「不願意配合」）在我們上層主管眼中，我們也可能是同樣的狀態。因此，會發生在我們身上的苦惱，在他們的身上也會發生，而且「更為嚴重」，因為他們的位置更高，他們要煩惱、擔心的層面更廣。他們向上要面對的，可能是高階主管，或者，就是真正的老闆，CEO 啊！

主管在不同層級，也扮演不同高度、廣度的角色：基層主管著重在執行力，也就是部門目標的達成率，因此工作執行中的問題、人員的素質與培育、績效的評核，都是基層主管所要負責的項目；中階主管涉及跨部門的事務，因此著重

在溝通協調與整合能力，涉及到為了完成工作所需資源的調配，以及整體部門績效的管理，都是中階主管的重要任務；高階主管位於經營層之列，為了完成企業中長期的營運目標，必須站在高點觀看整個市場、環境，以及組織體質來制定所有的策略與方向。因此，可以說每一位主管，都是為了貫徹企業整體營運的「執行幕僚」，要協助經營者，也就是我們的老闆，去規劃與設計任何可以達成經營目標的方法與對策。

主管在日常若發生對承接上級主管交辦的工作不是很清楚，和上級主管保持密切的互動，就變得非常的重要，我稱之為「狀況共有」。

所謂「狀況共有」，就是要做到即時回報，目的是不要讓我們的上級主管，隨時處於「意外」的狀態。比方說我之前提到我理想中的主管典範，主管在帶領團隊的過程中，希望我們在執行工作時，都能定期回報目前的進度與狀況。若工作在穩定掌握中就持續進行，若過程發生狀況，就要立即反應，讓主管對於狀況能夠有所掌握。可以解決的，主管會依照其經驗與權限給予指導，並且馬上採取行動；不能解決的，主管必須想辦法去尋找必要的資源與協助（比如跨部門溝通），而讓事情能有轉圜，進而解決問題。

因此，隨時和主管報告目前的進度，以及說明遇到的困難、提出解決方案，最後請示適當的解決方式，如此便能建

立與主管之間的信任關係

　　有些時候，我們上級主管可能呈現不知道要什麼的情況，我們可以先就對主管的理解，提出 60% 的初版，然後與主管確認內容，並釐清可以進行的方向，所謂「先求有，再求好」。

　　我曾經負責集團的尾牙活動總策劃，新手上路總是手足無措。當營運總監希望我能在活動會場規劃「多處」家屬「休息與娛樂區」，並且彙總場地規劃報告給他。因為是第一次舉辦這麼盛大的場次，也沒有過往的經驗可以依循，當下真的是急壞了！於是我先參考了其他企業舉辦類似活動的規劃，先設計了眷屬休息區、室內桌遊場，以及哺乳室……等等，再搭配場地作初步的設計，隔天就先將初版上呈給總監核閱是否是他所想要的，當然沒有完全符合他的預期，不過，也因為有這個初版規劃，總監在這個規劃上給了其他的指示與建議，於是才有後續二版、三版，到最後經過總裁核准後的最終版本定案。雖然溝通的過程中也是來來去去，反反覆覆，心情上上下下，但是能夠從「未知」到「已知」，到最後的「完成」，總比愣在那裡不知所措，或沒有進度來的好。

## 面對變化 培養應變

身為職場工作者的你我，一定聽過一句耳熟能詳的話，那就是「這個世界唯一不變的就是，變」。如果我們都相信此話為真，那麼在工作上常常遇到「朝令夕改」不是很正常嗎？

事情發生總有它的原因，因為不瞭解老闆的想法，我們要先提出一個初步的方案，這個方案可能要先有初步的規劃與試做，讓我們的老闆或者客戶看到「模型」或「樣本」之後，才能決定是否要投入資源量產，而這個過程可能就要來來回回好幾個週或月，然後老闆終於決定「不做了」，或者「還是第一個版本比較好」，這時候過程中的時間、成本，甚至心力都等於浪費了，真是讓人感到OOXX的沮喪啊！但是，回想這個過程，我們又怎麼能有把握老闆能夠精準的一次說出自己真正想要的需求與功能呢？

管理的歷程當中，免不了經常在面對與處理這些大大小小的「計畫不如變化」，也因此造就我們「應變能力」的養成，雖然遇到這些狀況，當下心中都會有不開心的聲音，但從另一個角度來看，也是累積我們職場「應變、規劃、溝通、整合，團隊凝聚」的經驗值。因此，我們在業界應試主管職的時候，都會被問到「有沒有處理重大異常經驗？」，或者「當你面對狀況時，你通常會怎麼處理？」如果沒有真的遭遇這些嘔

心瀝血的過程，怎麼能夠具體的回答這樣的問題，充其量也只是照本宣科講出一些理論而已。比方說，我自己在擔任主管期間，就曾處理過「勞資爭議」的狀況，如何能在同仁願意買單，又不損及公司立場的情況下，達到雙方都能接受的結果，這也成為日後在制度設計，以及主管管理培訓中會特別著墨的區塊。

最後，在面對這些「計畫不如變化」的過程中，從「負面抱怨」轉為「正面積極」的心態，是很重要的關鍵，沒有人想要遇到這些狀況，但是狀況不解決，問題持續存在，結果永遠都是不好的。

曾經有個網路影片是這樣說的：「我們人生遇到的困境，就像是馬鈴薯、雞蛋，與咖啡豆遇到熱水一樣。馬鈴薯遇到熱水，從堅硬轉變為鬆軟；雞蛋遇到熱水，從脆弱轉變為厚實；而咖啡豆很特別，它在遇到熱水之後，轉變成另外一種型態的咖啡。而你想成為哪一種？」

這個影片讓我對職場「正面積極」的心態有了很大的啟發，職場的變化，以及人際關係，都會讓我們從「固執」轉為「圓融」；從「軟弱」轉為「堅強」；然而這兩種都是改變了自己而「對抗」外在的環境。如果我們可以「與狀況共存」，試著將自己融入這個環境、這個工作、這個企業，成為它真正的一部分，那麼我們在職場人生所創造的價值，就

會更加的不同。

所以，下次當你再遇到職場「計畫不如變化」的狀況時，會有什麼不同的想法與作為呢？

## ▲沒有最好 只有最適

世界上沒有一個完美的管理模式，也沒有一套放諸四海皆有效的管理方法，因為制度工具是固定的，但是組織與人是活的，所以需要有主管針對不同的人、工作，以及環境，來做彈性的調整與應用，重點是能完成任務，凝聚團隊共識，並且慢慢建立屬於自己的管理風格。

曾經有位知名的大陸企業家提到他最佩服的團隊，是西遊記中的「唐僧團隊」，他說：「唐僧這個領導，你說他沒魅力，他還真的沒有魅力，但是他的毅力與使命感很強，佛家思想與信念也非常之強，取經就是他的任務，其他的他一概不管。作為領導不一定是要像孫悟空那樣戰力超強，什麼事都要強出頭，雖然動作快狠準，但也常常有失焦的時候，所以需要唐僧的緊箍咒讓孫悟空能夠乖乖遵守「組織規範」，而像這樣的領導在組織裡面其實是到處都看得到的。」

不是每個領導都要成為那個「站在船頭登高一呼」，慷慨激昂帶領團隊往前衝的海賊王才是好的主管，每個人都可

以善用他本身的特質帶領出不同的高績效團隊，重點在於身為主管是不是能夠根據不同情境調整決策，找出最有利的管理方式。

其實當主管是一個管理的「修煉」，重點不是「做」很多事，而是透過這些事情來訓練我們「管」控事情的安排，和梳「理」人員的狀況。在還沒有熟悉之前，都是需要花很多時間去磨練和學習的。

在瞭解心態面之後，新官上任前還要進行哪方面的準備呢？下一個章節我們就透過「作、夥、動」三個部分來和大家分享，新任主管在工作職掌、工作夥伴，以及工作啟動上應該要做什麼樣的準備與瞭解。

主管潛力 人人都有：每一個人都有當主管的「潛力」，只要願意多加「練習」，就能夠勝任主管職務。

主管角色 當責承擔：主管在團隊帶領上要扮演的角色很多，但是只要「願意」和團隊「一起」面對與承擔所有狀況！如此在團隊溝通、士氣激勵，以及工作運作上，都能有很好的效果。

帶人帶心 莫忘初衷：當我們成為主管的時候，我們花更多時間在「如何規劃」、「如何帶領」和「如何教」。在團隊領導的過程當中，不要忘了要成為那個我們喜歡的主管樣貌。

向上管理 狀況共有：主管也是人，也有他們層級所面對的煩惱，因此保持「狀況共有」，隨時做到即時回報，讓我們的上級主管也能隨時處於「狀況內」。

面對變化 培養應變：管理的歷程當中，免不了經常在面對，與處理這些大大小小的「計畫不如變化」，也造就我們「應變能力」的養成，以及面對狀況的正面思考。

沒有最好 只有最適：當主管是一個管理的「修煉」，訓練我們「管」控事情的安排，和梳「理」人員的狀況。在還沒有熟悉之前，都是需要花很多時間去磨練和學習。

# 瞭解工作職掌與內容

我們被晉升成為部門主管,或者是帶領一個專案團隊,剛開始會被期望能夠對既有的部門現狀(不管是工作執行,或者團隊溝通方式)優化改變,但是我們上任後就要馬上捲起袖子,大刀闊斧的改革了嗎?

如果我告訴你:「當然不是!」會不會讓你有點沮喪?你可能會這樣反駁我:「可是當初要晉升或錄取我的時候,就是希望我來做改變的啊!」話雖如此,如果不了解公司或組織目前運作的狀態,又如何知道要從哪裡改變起呢?

個案研討
## 急公近利的 A 先生

總管理處最近應聘了一位總務主管 A 先生,A 先生年輕有為,畢業於國內知名研究所,又曾經任職於前百大知名企業,學識經驗背景都相當優秀,錄取

當時也被賦予很高的期待，期望未來透過他的帶領，能夠讓公司的總務流程更有效率，讓人感覺煥然一新。

A主管為了要在短時間內創造績效，讓主管能夠刮目相看，因此在上任的兩個星期，就非常認真的閱讀公司所有總務相關流程與管理辦法，並且非常勤快地在各單位與廠區走動，期望能夠瞭解公司目前的狀態。大家為A主管這樣積極主動的作為，都感覺非常讚賞。

然而到了第三個星期，A主管就開始提出許多流程的改善計畫，並且每一週都有一個管理服務的公告，比方說5S運動、電話接待禮儀、部門自主清潔、早晨運動，以及午睡時間規範等……希望各部門都能夠協助配合。雖然這些改善計劃立意良善，但是由於過於頻繁，加上過往沒有這樣的觀念與習慣，造成公司各部門不堪其擾，於是紛紛向總管理處的M協理抱怨。

M協理找了A主管訪談瞭解狀況，A主管表示，經過他查看了公司過往的流程與管理辦法，以及到各部門與現場走動的結果，發現有太多不合時宜，或不符合現代辦公室所應該具備的狀態......等等。

M協理愈聽愈覺得不對，雖然A主管說的都很有道理，但是表達的方式好像嫌棄公司現在處處都是缺點，處處都讓人覺得不堪，且A主管自進公司起，都不曾按照過往的流程進行工作執行，而是直接改變了工作流程與管理辦法，這樣的心態讓M協理感到非常不妥。於是便否決了A主管之前的所有提案，請其重新評估設計。A主管認為自己的想法不被接受與信任，受到這樣挫折而鬱鬱寡歡，最後還是離開了E公司。

我曾經應徵D公司人資主管，這個工作未來是想要為公司建立新的人力資源制度，改善部門的人員執行力。面試到最後，主管問我：「未來你到任的時候，你會打算怎麼樣帶領你的部門？」

我說：「我會先了解目前部門工作的內容，以及目前運作的狀態，並弄清楚過去執行過的工作專案，再來確認未來這個部門要維持、改善，與改變的項目是什麼」，沒想到這樣的回答，成為我錄取這家公司人力資源主管職位的關鍵。

上述案例中的A先生過往的經驗相當豐富，然而不同企業對於做事的方式有其不同的節奏，不是每家企業都是快狠準，或者溝通都是那麼溫良恭儉讓。我常把空降新任主管的

到任比喻像是換新衣服或穿新鞋子，過去的衣服有其材質與保暖度，當你換上新衣服的時候，因為還沒有適應它的材質與狀態，因此剛穿上去會有一些磨合與不適應的地方，但是經過一段時間的穿著與調和，衣服與鞋子自然會慢慢與我們的身體成為合適的狀態。

不過我們如何知道，可以從哪些方面來了解部門目前和過去是怎麼運作，以及要做好這個工作崗位要注意哪些眉角呢？我們可以透過組織圖、職務說明書、部門目前的工作目標，以及瞭解完成工作的流程方法來著手。

## 🔲 非懂不可的組織圖

組織圖是透過結構化展示公司內部組成以及職權與功能的關係。從組織圈可以看出，一個公司組織由哪幾個部門所組成，這些部門是否有上下從屬關係，或者是橫向連結的關係。 我們也可以從組織圖瞭解自己部門的所在位置以及重要性。

舉例來說，我曾經在企業擔任人力資源的工作將近 20 年。人力資源部門在每一間公司組織圖中的位置都不一樣。

有的企業會把人力資源部門放在總經理下，其他部門之上（圖 1-2-1）， 因此人力資源部門就能夠扮演「策略夥伴」

的角色，協助老闆進行決策分析以及人力資源發展計畫的制定。比方說企業的用人策略（選才、用才、留才）、績效管理制度的擬定等等，這些工作都屬於統籌全公司性的制度規劃推展的任務。

也有企業把人力資源部門放在事業群階層（圖 1-2-2），因此人力資源部門 就是扮演「員工鬥士」的角色協助各事業群「規劃」人力資源相關業務。比方說各部門的年度教育訓練規劃執行、招募任用的員額、與用人需求，以及員工關係活動的舉辦等，這些工作都屬於站在協助各部門完成其年度目標的工作。

也有公司把人力資源部門放在總管理處下的人事部（圖 1-2-3），因此人力資源部門就是扮演「行政專家」的角色，協助各部門「執行」人力資源相關業務。比方說外訓的申請、各項福利金的申請、以及行政庶務的協助等，這些工作都屬於站在服務各部門的行政工作。

從以上的說明，我們可以知道，組織圖可以幫助了解自己的工作範圍、向上呈報的機制，以及跨部門溝通協調的角色定位。

喔，還有一個很重要的事情！

在了解組織圖之後，每個部門的主管（當然包含老闆）以及重要的窗口，也是新任主管一定要了解跟認識的。因為

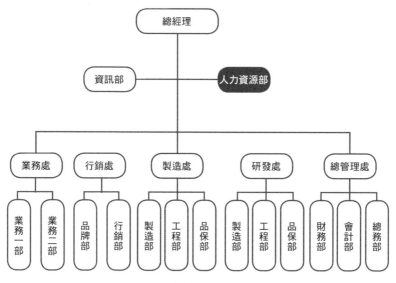

圖 1-2-1

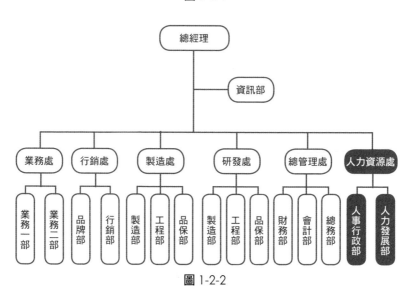

圖 1-2-2

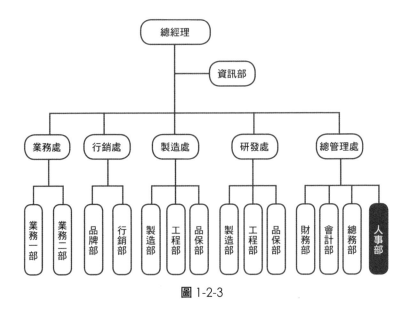

圖 1-2-3

他們很可能是我們工作上的「重要關係人」，有助於我們未來工作上溝通順暢，與工作順利的重要關鍵。在下一節裡面，我們會來好好聊聊這個部分。

　　有天K總裁正在視察廠區，發現兩名員工違規在廠內抽菸，K總裁規勸這兩名員工不要抽菸，沒想到這兩位員工不但沒有認出對面正是集團總裁，還直接嗆：「你誰啊！關你什麼事？」K總裁聽了非常生氣，直接叫現場主管懲理該兩名員工，否則要處理主管！K總裁還直呼：「我們公司不需要這種員工！」。

我不知道當這兩名員工發現他們所面對的是集團總裁時，是否有嚇到說不出話來，但是行為違反規定，加上「有眼不識泰山」的回應不當，讓自己受到懲罰，也是沒有辦法的事。

正因為從組織圖中認識主管很重要，避免自己「有眼不識泰山」，因此我每到一家公司報到任職，或者現在進行輔導與培訓，都會先看看公司的組織圖，以便了解各個單位有哪些「重要的人物」，以利後續工作的進行與溝通。

看到這裡，有沒有覺得「組織圖」好重要？還不趕快去找出來看看！

可是，上面沒有「重要人士」的姓名怎麼辦？那就趕快找人帶著去認識，並且刷臉記下來啊！

## ▲ 不可不知的職務說明書

瞭解自己部門在企業組織面所在的位置之後，接下來就要來瞭解自己部門內的工作項目與執掌有哪些。 最直接的方法就是參考職務說明書。

職務說明書（表 1-2-4），是依照不同層級或關鍵職務定義出相對應的人才規格，建立工作的主要職責與應具備的職能，英文名稱是 Job Description，簡稱：JD。

| 部門：技術支援處<br>單位：客服部<br>職稱：經理　　職等：9 | |
|---|---|
| 工作摘要 | 負責全公司所有產品之售後服務項目。 |
| 職務說明 | 客服部所有人員的工作指揮、協調、監督，與指導。<br>對公司產品售後服務與技術支援的規劃與調度。<br>管理客戶接待工作分配。<br>控管客戶服務工作品質。<br>跨部門協調業務、研發，與製造有關產品改善事宜。<br>主管臨時交辦事項。 |
| 所需知能 | 產品專業知識。<br>維修技術。<br>客戶導向。<br>問題分析與解決能力。<br>溝通協調能力。<br>責任心。<br>謹慎細心。<br>具備處理重大客訴，以及危機處理的經驗。 |

表 1-2-4

## ☀ 職務說明書的構成

- **基本資料：** 包含部門、單位、職稱、職等。

比方說，技術支援處／客服部／經理／九職等。

- **工作摘要：** 描述工作的一般內容與責任。

比方說，客服部經理的工作是負責全公司所有產品之售後服務項目。

- **職務說明：** 詳細描述具體工作內容與職責。

比方說，客服部經理的工作內容有：

客服部所有人員的工作指揮、協調、監督，與指導。

對公司產品售後服務與技術支援的規劃與調度。

管理客戶接待工作分配。

控管客戶服務工作品質。

跨部門協調業務、研發，與製造有關產品改善事宜。

- **所需知能：** 說明滿足工作應具備的基本條件與資格。

比方說，要適任客服部經理的工作需具備：

產品專業知識、維修技術、客戶導向、問題分析與解決能力、溝通協調能力、責任心，以及謹慎細心的特質。

另外需具備處理重大客訴，以及危機處理的經驗。

透過職務說明書，可以瞭解工作的內容、範圍，以及權責，並且對職務所需應對的系統、工具，或流程有基礎的概念。所以，職務說明書，是繼組織圖之後，身為一個新任主管一定要瞭解的項目。

或許，可能有人會問：「我們公司目前沒有職務說明書，或者職務說明書不夠完善怎麼辦？」

所謂「路，是用問出來的！」，同理，工作職掌也可以「問」出來，只要向我們的上一層主管，或者單位資深同仁「請教」以下問題：我們單位的工作有哪些類別？有哪些是定期要做的事？分別是每日、每週，還是每個月？有哪些不定期會出現的工作？通常我們會向哪些單位溝通？頻率為何？都是透過哪些方式？我們工作中通常是使用哪些工具、設備，以及儀器等？最後，做好這個工作有沒有一定要具備的能力、特質，以及相關的經驗？

相信透過以上的問題訪談，即使沒有完整的職務說明書，也能夠對我們現有的工作有全盤的瞭解。

## ◤了解工作目標與部門狀態

從職務說明書延伸出來的就是部門的目標，職務說明書本身就有上下階層的關係，比方說營業處協理的工作職掌是「

負責全球市場調查分析以及預測的工作」，營業一部經理的工作職掌就是「負責亞洲市場銷售潛力的調查和分析」，而營業一部 P 專員的工作職掌就是「負責日本、韓國市場銷售潛力的調查分析」。

　　因此新任主管上任後，也要花時間瞭解目前單位的工作目標，以及正在進行中的工作狀態。比方說，針對「亞洲市場銷售潛力的調查和分析」的工作目標，就先進行瞭解目前的執行狀況。

　　當我還在企業任職人力資源主管的時候，我的工作項目之一，就是要和眾多的應徵者（特別是管理職）進行面談，過程會針對工作所需要的知識、技能、態度，以及過往處理重大的經驗，進行提問，以了解對方是否符合職務所需。有一天，有一位應徵者 B 在我們面談的最後一個題項「您有沒有什麼要問我們的，或想要瞭解的？歡迎提問！」

　　這位應徵者 B 就問說：「請問我們部門今年的工作目標，以及這個職務的 KPI 是什麼？」我瞬間被這樣的提問「驚豔」到了！原因不是因為我無法回答，而是過往這麼多優秀的應徵者一路過關斬將到了這裡，從沒有在最後一題自由提問的寶貴機會裡，提出這樣有意義的問題！（我們面談的過程中只會提到工作職掌與要肩負的責任，不會一開始就向應徵者揭露工作細節的部分。）

當我好奇的問他，為什麼他會想問這個問題時，他回答說：「瞭解部門的工作目標與 KPI 就能夠知道目前這個職務的重點工作是什麼，配合剛剛聊到的團隊狀態，以及跨部門狀態，我就可以大概瞭解如果未來我是這個位置的主管，我可以採取什麼的工作安排與溝通對策。」由於這位 B 先生本職學能與經歷也相當優秀，也獲得事業群的主管錄取，後來成為該部門績效表現很傑出的主管。

因此，瞭解工作目標與目前工作狀態，有助於新任主管瞭解單位「跑道上正在進行的賽事狀態」，以便能夠針對自己所知與經驗，知道下一步要怎麼加入這個賽局。


## ■ 掌控工作流程、方法與眉角

新任主管雖然不一定每個工作的專業都能夠非常的厲害，但是對部門內的工作流程需要有基本的概念，因此，不管是翻閱過往的資料、詢問資深的同仁，以及請教主管等等，目的就是要讓部屬認為至少你懂。

我過去在 Z 公司因為負責職工福利委員會，必須掌管員工餐廳的運作，用餐對公司同仁來說是一件重要的事情，因此瞭解團膳的運作以及餐點的安全衛生，就非常重要。除了查看職務說明書外，請教主管與資深同仁是最快的方式，我

請教了過去負責團膳的同仁公司餐廳管理的規定，請其帶領我執行餐廳管理一個星期，期間我也花時間熟讀安全衛生的相關法規。

雖然我對於餐點製作方式並非專業，但是對於餐廳管理流程有基本的了解，因此在管理的過程當中，可以去詢問團膳的師傅，其餐點製作與配送的過程當中是否有遵照公司要求的關鍵步驟，這讓團膳的師傅瞬間刮目相看，並且在製作過程當中更為注意。這是為了讓主管本身對於工作的控管有一定的能力，並且也能夠透過流程的檢核表來進行工作的查核。

然而了解工作的過程當中，還有一個最重要的關鍵就是「知其然，也要知其所以然」，也就是要瞭解為什麼要這樣做的道理。

如同前面所說的，一個公司或一個部門之所以會有現在的運作方式與溝通模式，是因為過去主管的帶領或企業文化所逐漸形成的一種風氣，或者是來自過去成功的經驗。因此除了瞭解工作的步驟以及方法之外更需要了解為什麼這樣做的箇中道理。

## ▲熟知企業文化與組織潛規則

除了瞭解工作職掌、工作目標，以及做好事情的流程與眉角外，更重要的也要了解企業，或者組織的做事文化，以及應注意的潛規則，特別是空降的新任主管，是隱藏版的必修課。

任何成功的企業都有其最珍貴的東西，那就是企業的文化、價值觀，或者是使命感，與共同的目標，比方說，迪士尼的使命是「讓所有人都開心」（To Make People Happy），因此，要做到這點，所屬的同仁都要有熱忱、主動積極、同理心，以及解決問題的能力。

3M 的企業使命是「成為最具創意的企業，並在所服務的市場裡成為備受推崇的供應商。」（Practical and ingenious solutions that help customers succeed），因此具備客戶導向的思維，並且善用創意與創新，如何站在客戶的立場去思考，與協助客戶解決問題，就是每位部屬要努力達成的目標。

另外關於做事的潛規則，就泛指不在工作職掌、操作手冊裡面所明載的「非正式」做事道理，但卻也是職場生存必修的學分。比方說，有的公司會規定，電話鈴響三聲內就要接起來；接電話的時候要先報自己的單位姓名；如果沒有事先準備好，千萬不要找主管或跨部門開會，一定會被海扁得很慘；有的公司也會規定例行性會議的時間不能超過一個小

時，重要會議不能超過三小時；所有的溝通都要留下紀錄，並且事先確認，若沒有留下紀錄後果自行負責；甚至也有公司或部門會規定例行性會議都只能安排在週一，週二到週三是專屬工作執行日，週五是結帳請款日⋯⋯等。

當然也有關於管理的潛規則，比方說不要在部門內公開批評同仁，以及不要在部門同仁前批評其主管；其他也有像公司內部禁止送禮的行為；新進人員進來要記得「拜碼頭」⋯⋯等等。有的看是理所當然，但是之所以會列為「潛規則」，代表大家在正式規定下「默許」以及形成共識的一種行為規範，而企業文化與組織潛規則，也是促使組織運作順暢的原因之一。

組織圖：透過結構化的展示公司內部組成以及職權與功能的關係。我們也可以從組織圖瞭解自己部門的所在位置以及重要性。

職務説明書：可以瞭解工作的內容、範圍，以及權責，並且對工作所需應對的系統、工具，或流程有基礎的概念。

工作目標以及部門狀態：有助於主管瞭解目前單位「跑道上正在進行的賽事狀態」，以便能夠針對自己所知與經驗，知道下一步要怎麼加入這個賽局。

工作完整的流程、方法與眉角：主管透過翻閱過往的資料、詢問資深的同仁，以及請教主管等，幫助對部門內的工作流程建立基本的概念。

企業文化與組織潛規則：認識企業，或者組織的做事文化，以及應注意的潛規則，特別是空降的新任主管，是隱藏版的必修課。

# 認識工作中的關係人

　　職場上除了要把工作做好之外，人際關係的互動也是非常重要的。我個人很喜歡將設計思考（Design Thinking）的觀念，借用在管理實務當中，設計思考是一個以人為設計出發點，運用同理心，站在使用者及各個關係人的角度，發掘他們的需求、需要及痛點，並以此為基礎，思考真正貼近使用者的設計。設計思考鼓勵即早發現問題，即早面對失敗的心態，寧可在早期成本與時間投入相對較少的狀況，早點知道失敗，並作相對應的修正。

　　同樣的，既然在職場工作中我們避免不了「人」的問題，那我們就用人的角度來探討，到底有哪些人出現在我們的工作中，而這些人又各別有哪些影響力，為了讓工作能夠順利進行與完成，這些人對我們工作的期望，以及他們的特質與互動模式又有哪些？目的是早點瞭解我們在工作或專案進行的過程當中，會面對哪些可能的溝通與互動的障礙，而讓我

們能夠即早做調整與因應。

## ▲盤點工作中的關係人

　　透過上一節我們可以知道，從組織圖可以瞭解我們部門所在的位置，以及各部門的重要人物，透過職務說明書，可以瞭解該單位工作的主要職責，和工作的流程與眉角，

　　比方說，製造處的廠務部，負責工廠日常營運以及勞安衛相關事項，因此與其工作相關的部門與聯絡窗口可能有：業務部門（訂單傳送）、採購部門（原物料採購）、資訊部門（廠區系統支援）、生管部門（製造排程）、製造部門（生產製造）、品管部門（產品檢驗），倉管部門（貨運倉儲）等等企業內部單位，當然也會有涉外單位，比方說勞工機關（勞工安全衛生、勞動檢查）、設備供應商、廠區維修相關廠商等。

　　研發處的設計部，負責新產品開發與設計的工作，因此與其工作相關的部門與聯繫窗口可能有：業務部門（客戶需求）、行銷部門（市場與競爭對手資訊）、機構部門（產品外觀與結構設計）、測試部門（功能測試）等等。

　　資訊中心，負責全公司系統建置，以及公司營運軟體、硬體的採購與維護，因此與其工作相關的部門與聯繫的窗口，

就是全公司各部門主管、秘書、單位助理，以及專案負責人等。

　　還有一些重要的「貴人」是我們在工作中必須要認識，以及建立關係的，比方說老闆的秘書或者是各部門重要的窗口等。秘書是老闆身邊重要的人物，他們負責老闆每日的行程，包括大小會議、單位訪視，或者與客戶的公關活動等等。因此，如果有重要的公文需要老闆的批准，或前往面報時，我都會先詢問秘書，老闆可行的時間，以及可以有多少時間。此外，也可以從秘書的口中得知老闆目前的「心情」與「狀態」如何，等會進去面報的時候需要調整什麼樣的心情前往等等。我過往的職場經驗中，我都很感謝這些默默在老闆或高階主管身邊認真付出的秘書與窗口，也因為他們的「重要情報」與「資源分享」，讓我能夠平安度過許多直接面報老闆可能的風暴。

　　從上述的說明與舉例，我們可以知道，隨著工作的變化，會有不同關係人的產生，由於涉及工作的規劃與執行、主辦與協辦的關係，因此盤點工作相關的單位或人，是一件重要的事，這對後續工作需求的掌握、工作資源的協調，以及工作問題的討論與援助，都有相當大的幫助。

## ▲確認關係人對工作的影響力排序

工作中既然有這麼多有影響關聯的單位與人，也不是每個單位都要花「全力」去保持關係，我們可以依照對工作的影響力高低，來排序我們工作關係人的互動關係。

所謂影響力，就是能否對我們工作成果具有「生與死」或「成與敗」的決策權力。對很多人來說，「老闆」（這裡是指公司經營者，也就是董事長或總經理）對我們工作的影響力最大，不過這也要看我們的工作是否需要直接面對老闆而定，若我們只是基層主管，距離老闆中間還有好幾個中高階主管，那麼老闆對我們來說，就只是具有間接的影響力，而對我們有直接影響力的，就是我們的直接主管，他可能是我們上頭的經理、協理，或者是副總。

常有主管在課程中問我說，如果上頭有兩個主管，一個是直接主管，一個是間接主管，兩個都找他做事情，他到底要聽誰的？當然是聽直屬主管的為主囉。這有兩個原因，一方面我們直屬主管直接決定工作的分派，以及績效的評核，因此即使有更高主管的交辦，也應當告知直屬主管這個狀況，並討論工作執行的優先順序。另一方面，是為了尊重直屬主管的角色與定位，如果高階主管都直接越過直屬主管進行任務的交辦，而直屬主管都不知道的話，這樣會造成工作管控的混亂，以及部屬也不清楚要以誰的命令為主要依歸。當然，

即使是要聽最高主管的任務指派，也要由直屬主管告訴我們，我們才能這樣做，並且過程中要定期與直屬主管回報，這就是「狀況共有」。

除了直屬主管對我們工作有直接影響力外，在工作中具有最終績效的單位（人），也對我們具有較高的影響力。比方說剛剛提到的研發處的設計部，與其工作相關的部門與聯繫窗口可能有：業務部門（客戶需求）、行銷部門（市場與競爭對手資訊）、機構部門（產品外觀與結構設計）、測試部門（功能測試）等等。由於客戶的需求掌握，以及市場競爭對手的資訊，對產品的開發與設計具有決定性的影響力，因此業務與行銷這兩個部門對於設計部門的「權力」相較於其他部門來的高，畢竟我們要做出來的是「客戶滿意」又具有「市場競爭力」的產品啊！

接著我們就要針對這些不同影響力的工作關係人進行排序，沒錯，工作需要依照輕重緩急來排列優先順序，人也需要依照影響力大小來決定溝通排序。有了這樣的排序，在我們工作管理的過程當中，就能運用 80/20 法則來進行溝通管理，也就是將 80% 的時間與精力，放在這 20% 關鍵單位的想法與需求上，如此工作的成果也更能夠符合整體目標的效益。

上述關係人的盤點、分析，著重在「正式工作關係」之

上，當然在職場中也可能有「非正式工作關係」的友誼，這些也會間接影響我們在工作中的關係排序，這也就是為什麼企業內部常常會有「購物團」、「吃飯幫」、「運動組」，這些非正式團體的影響力有時候也會左右職場溝通的結果。因此，新任主管上任時，針對「非正式」重要關係人的認識，也會對本身職場人際關係有決定性的幫助。

盤點工作中的關係人：盤點工作相關的單位或人，是一件重要的事，這對後續工作需求的掌握、工作資源的協調，以及工作問題的討論與援助，都有相當大的幫助。

確認關係人對工作的影響力排序：依照對工作的影響力高低，來排序我們工作關係人的互動關係。而「非正式工作關係」的友誼，也有可能間接影響我們在工作中的關係排序。

# 建立團隊的管理週期

　　新任主管上任的初期，在經過我們前面的建立心態、瞭解工作職掌與內容、瞭解工作夥伴有哪些之後，接下來就要開始著手建立團隊，為自己的管理生涯立下一個起點。

個案研討

## 新官上任的小陳

　　業務一部的小陳因為一直以來工作表現良好，深受業務處黃經理的喜愛，由於業務一部的課長職缺空缺很久，因此黃經理將小陳晉升為業務一部的課長，並於一月一日生效。

　　業務一部除了小陳之外，還有五位工作夥伴。兩位資深業務，老張與老李；一位與小陳同期進公司的業務助理小美，一位剛進單位的菜鳥業務小林。

　　雖然小陳熟悉自己本身的業務工作，但是平時工作

都是由黃經理直接交辦，自己並沒有規劃與帶領的經驗。

兩位資深業務，老張年資 8 年，績效很好，一直是單位裡的頂尖業務員，但是特立獨行，常按照自己的方式進行報價，不按照主管的指示辦理，讓黃經理常常火冒三丈卻無可奈何。

老李做了 10 年，業績表現平平，但他也覺得無所謂，對於工作就是有做就好。兩位資深同仁都未曾被晉升，小陳來了單位三年，就因表現良好而拔擢成為課長。

和小陳同期的業務助理小美個性溫和，但工作只做自己擅長與喜歡的。平時工作事項繁雜，常常出錯或顛倒了順序。而新來的小林雖然很有想法，但因為沒人指導，常常計畫寫得非常詳細，但卻沒有一個工作執行完畢，以至於來了將近半年，仍然沒有什麼特殊的表現。這些狀況，讓剛成為課長的小陳，感到非常的頭大。

## ▲建立團隊三件事：作、夥、動

不管你是內部晉升、是外部空降，或者是擔任專案主管，當你以主管身份面對部門同仁或專案成員時，你可能不見得會立即得到熱烈的歡迎。

大家初次見面，組織成員內心可能有各式各樣的 OS：「為什麼是這個傢伙擔任我們的主管」、「他什麼來頭的？」、「他有很厲害嗎？」⋯⋯

這個時候的組織氛圍就像是一群人剛開始進入一個空間，彼此抱著「參觀」的心態來到這裡，因此工作團隊會呈現沒有凝聚力的（圖 1-4-1）的樣貌。

新任主管在這個團隊建立初期的領導作為，應該要遵循以下三個步驟：「作、夥、動」。

作：瞭解工作的執掌、內容以及目標。

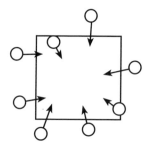

● 觀望與試探
● 不了解狀況，不認識彼此
● 不清楚自己的功能與角色
● 溝通時持保留的態度
● 對於目標沒有共識
● 信任尚未形成
● 只能產出隨機的績效

圖 1-4-1

夥：瞭解夥伴的性格、能力以及對工作的期望。

動：展開工作的規劃以及後續的任務行動。

因此，在小陳案例當中，小陳的作為可以如下：

### ☀作：瞭解工作的執掌、內容以及目標

- 請示黃經理，瞭解黃經理對自己晉升的期望，並請教黃經理關於管理上特別需要注意的事項，以及跨部門應對的技巧。接著請教黃經理有關部門內部人員個別的狀況，以及分享管理心得。

- 閱讀工作相關資料與檔案，包含部門工作職掌、工作目標，過去工作或專案的處理流程與方式，以及近期正在進行的工作進度等。對本職工作與角色有進一步的了解。

### ☀夥：瞭解夥伴的性格、能力以及對工作的期望

- 個別訪談部門同仁，分別訪談小林、小美，瞭解目前工作、適應狀況，以及對未來工作的期許。接著拜訪老李，請教單位工作的流程，以及工作處理的步驟與應注意事項。

- 最後拜訪老張，請教其分享工作的觀點、對管理的想法與期待，以及對於內部同仁的觀察與相處心得。

### ☀動：展開工作的規劃以及後續的任務行動

- 根據工作的職掌、目標，以及同仁能力進行初步部門

目標設定，工作計畫展開，以及工作任務的分派。

- 最後彙總自己對工作、管理，以及未來部門管理的期望，在部門會議中向主管與所有同仁宣布。

小陳新任主管可能有許多不清楚、不熟悉的地方，因此先從請教黃經理，以及自己閱讀工作相關資料與檔案，外加與單位資深同仁老李、老張請教工作流程與做事方法，待未來能夠掌握所有工作流程與方法之後，再進一步提出自己改善的見解，才是新任主管穩紮穩打的求生之道。

## ▲設定自己的學習目標

新任主管縱然過去有十八般武藝，也或許過去就是企業內部優秀的執行者，但是對於現有管理的工作，仍需要有一段學習與摸索的時間。

通常在企業裡，我們會給新進的「同仁」三個月的「適應期」，也就是在這三個月的過程中，讓新進同仁從無到有的逐步學習與練習，從生手到熟手，而最後能夠正式上線執行工作。這如同新兵訓練一樣，在沒有教育過作戰知識、兵器操演，以及體能鍛鍊前，貿然上陣是容易有慘重傷亡的。

而主管培訓，就是高一層次的「軍官訓練」，不僅是要知道「戰技」的操作，也就是如何打仗；更要學習「戰術」

的運用，也就是如何人員調度，以及各種狀況的因應。不過主管適應期相對時間就比較短，大約在一個月左右，新任主管對於工作，以及所需要應對的人，就必須要有基本的了解，然後就要開始進行工作的規劃與管理。因此如何有效地在一個月內完成自我學習，就變得很重要。新任主管可以透過以下的方式來進行學習目標的設定：

### ☀列出所有要學習的項目

包含我們前面提到的工作職掌、工作目標、工作流程、企業文化與組織潛規則、工作關係人與影響力、關係人的特質等。

### ☀安排一個月的學習計畫

比方說第一週要了解工作職掌與工作關係人及影響力分析；第二週要了解工作目標與企業文化與組織潛規則；第三週要瞭解工作流程與工作的溝通眉角；最後一週針對前三週所觀察、訪談、學習的過程，進行資料的彙總、整理，並提出自己未來管理規劃的想法與見解。

我們就以「新任業務主管」為例，設定其第一個月工作學習目標（表 1-4-2）：

學習目標的設定，是為了讓新任主管有效率的對工作內容、關係人的瞭解，並且能夠從自我驗收的過程中確認自己學習的程度，進而能夠針對所觀察、聽聞的現有狀況做一整

理。新任主管最重要的就是在最後一週，能夠針對第一個月的觀察學習，提出自己的心得、感受，以及對未來管理作為的計畫，並且向上呈報。而透過這樣的過程，也可以讓高階主管瞭解新任主管的眼界、企圖心，以及未來的管理潛力是否為企業所需要的。

我很感謝過去在企業任職時，歷經如「新進人員輔導計畫」、「教育訓練學分制」、「職務說明書盤點計畫」，以及「職能導向的績效管理制度」等專案，讓我在管理的歷練中有更多成長機會。

| 週 | 第一週 | 第二週 | 第三週 | 第四週 |
|---|---|---|---|---|
| 學習項目 | 職務說明書<br>瞭解產品與市場<br>瞭解客戶與業績<br>組織圖<br>工作關係人 | 工作目標與現況<br>競業分析<br>產品相關法規<br>供應鏈<br>企業文化與潛規則 | 客戶拜訪<br>系統與作業流程<br>工作的溝通眉角 | 學習彙總與複習 |
| 驗收項目 | 組織圖<br>客戶名單<br>產品知識 | 產品相關法規<br>供應商名單<br>企業文化與潛規則 | 客戶分析<br>系統操作 | 向主管提報學習心得與後續管理計畫 |

表 1-4-2

## 📖 準備進入管理週期

在正式進入管理工作前，我們要了解什麼是管理週期

管理週期，就是企業與組織每個年度在不同時間點會進行的重要管理工作，依照時間區分期初、期中，與期末。

### ☀期初：設定目標與工作計畫展開

大約是年底 12 月到隔年初 2 月，這個時候企業都在做年度結算，以及隔年預算，因此高階必須訂定未來企業發展走向與策略，中階主管要承接高階策略制定部門目標，基層要針對部門目標設定單位執行目標與計畫。

### ☀期中：工作執行與調整

這段時間是企業工作執行黃金時間，大約從 3 月到年底 11 月，各部門依照年度計畫進行工作執行，中間遇到偏離目標的狀況時，會進行問題分析與工作改善，跨部門針對問題會進行溝通與協調，若所屬同仁因為知識技能不能符合工作專業需求，主管就必須進行工作指導與輔導，而這也是一個團隊領導的過程。

### ☀期末：績效評核與發展

一般來說，有的企業會一年分兩次評核的時間，一個是年度中也就是上半年結束時，以及年度末也就是下半年結束時（有的企業則是於年底進行一次評核）。評核是針對同仁與部門的執行成果比對年初的目標設定達成與否給予評核，

這就像期末考，而主管的任務就是要針對所屬同仁的表現進行公正、客觀的評核，不管是透過日常訪談、教導紀錄，或者年終面談，來確認同仁的績效表現，以及未來可精進的方向。更重要的是針對同仁未來的發展性，給予培育的計畫。讓優秀的人才未來在工作上能有更上一層的表現機會。

展開行動：在完成管理心態建立，根據工作的職掌、目標，以及同仁能力進行初步部門目標設定，工作計畫展開，以及工作任務的分派。最後彙總自己對工作、管理，以及未來部門管理的期望，在部門會議中向主管與所有同仁宣布。

設定自己的學習目標：為了讓新任主管有效率的對工作內容、關係人的瞭解，並且能夠從自我驗收的過程中確認自己學習的程度，並且能夠針對所觀察、聽聞的現有狀況做一整理。

準備進入管理週期：管理週期，就是企業與組織每個年度在不同時間點會進行的重要管理工作，依照時間區分期初設定目標與工作計畫展開、期中工作執行與調整，以及期末績效評核與發展。

# Chapter 2

# 目標設定與任務交辦

真正的困難，
不在確立需要什麼目標，
而在於我們如何制定目標。

美國管理作家與管理顧問 彼得‧杜拉克
（Peter F. Drucker）

# 目標執行常見障礙

Peggy 被主管 Amy 交辦要構思一個吸睛的企業形象廣告，因為成本考量，必須要由企業內部自己拍攝，請 Peggy 設定為今年度工作目標之一。Peggy 百思不得其解這個工作要做到怎樣的程度？何時完成，預算要抓多少？在許多資訊不完整的情況下，Peggy 真是傷透了腦筋。

## ▲為什麼工作會卡關

其實我們在日常工作中常會發生和 Peggy 相同的狀態，老闆或上級主管交辦了一個工作方向，但是在資訊不夠完整的情況下，我們也難去向下展開工作計畫與工作的交辦，或者是在任務目標沒有確認清楚的情況下開始動作，往往會發生不符合老闆的需求而退回重做，這都是在一開始不清楚「要做什麼」、「如何做」，以及「為什麼要這樣做」的緣故。

會造成這個狀況大部分是因為：

## ☀ 目標不夠具體

比方說，擴大市占率。從字面是瞭解要增加我們產品在市場上的普及程度，但是要擴大什麼產品？在哪個市場？擴大到多少百分比？卻沒有明確的範圍，這不但會讓執行者不知所以，更在執行上會產生「各自解讀」的狀態。比方說，老闆對去年度全球市場佔有率提升 8% 表示不滿，原因是，雖然市占率有提升，但是在行銷重點的美洲地區的市場佔有率僅提升 5%，然而非重點項目的東南亞市場卻提升了 10%，認為行銷部門置錯重點與資源的投入，造成目標達成不如預期。

這在管理上最常出現的問題就是，在後續執行過程中，主管常常發現部屬所做出來的結果，和之前目標設定的結果有很大的差異，部屬認為他「工作執行完畢」，但是主管卻希望「能夠更有效率的安排工作順序」，除了是部屬認知與能力的狀況外，在設定目標的時候沒有具體化目標內容與標準，也有很大的關係。

## ☀ 目標無法量化

更有主管說，老闆設定的目標就是「業績愈多愈好」，雖然有期許「不斷精進」，但是沒有「量化指標」會讓執行者不知道「多少才叫好」。比方說，擴大市占率。擴大 0.1% 也是擴大，擴大 10% 也是擴大，到底哪一個才是我們真正要

做到的？即使是「愈多愈好」，也必須要有一個「範圍」，讓工作團隊能夠瞭解，要做到什麼「程度」或「結果」才叫做「完成」或「達標」。

為什麼目標要量化？就是為了要能「衡量」，因為目標除了要能執行之外，也和我們的績效評核有密切的相關。

我們就舉考駕照這件事來說明，我們為了要能開車上路，首先就必須要「通過駕照的考試」，這個考試會分為「筆試」與「路考」，筆試是針對交通法規進行測驗，考生必須分數達 70 分（含）以上，才能通過，若沒通過則要進行補考。路考是針對考生的操作技術進行評核，在指定的場地進行，採扣分制，扣分超過 32 分，就無法通過，也就是總分 68 以上視為及格，可以取得駕駛執照。

因此在「通過駕照考試」這個目標上，就會設定「筆試 70 分以上」，以及「路考 68 分以上」始能取得駕照的可衡量目標，如果只是設定「筆試優異」、「操作精準」，那麼就會變成「見仁見智」，要看當天的監考官來決定我們的命運，這樣不是很沒有說服力嗎？

### ☀ 沒有被告知目標的輕重緩急

第三個常見的問題就是目標的設定上沒有註明誰輕誰重，所以部屬是不是就可以自行決定要先執行哪個工作，自訂完成時間？

這是因為主管和部屬在目標設定的過程，並沒有討論到「目標的重要性」與「應完成時間」。

所謂目標的重要性，是為了讓主管與部屬瞭解此工作目標對部門、對企業的「權重」，權重愈高，其工作完成的效率與效果，對於部門績效的達成，與企業目標達成結果的連動性就愈高，反之就愈低。權重的設定，也有助於主管在後續「日常管理」中能夠瞭解部屬是否花「對的時間」在做「對的事情」。

完成時間，是在瞭解工作重要性排序之後，主管與部屬都要雙方確認的重要事項，完成時間的設立，就能夠瞭解工作目標與任務的「急迫性」。完成的時間愈短，就愈「急迫」；完成的時間愈長，就愈「不急迫」。我們常常在討論「重要、急迫」的優先順序分析，其判斷依據是由此而來，如果主管與部屬在目標設定與工作交辦的時候，沒有具體討論這個部分，就會讓部屬在工作的優先順序與執行上無所適從。

### ☀主管沒有善盡告知與確認的動作

曾經有位主管在課後跑來和我討論，他說他部門的同仁，總是抱怨每天有做不完的事情，有上級交辦、跨部門插單，還有一大堆例行性的工作，這位主管說要怎麼讓這些同仁把時間放在對的地方？

我問說：「在工作交辦時，您有和您的同仁做目標設定

的討論，以及協助他釐清每項工作的權重嗎？」，這位主管說：
「這不是每位同仁自己該認知的嗎？」

其實工作分配與釐清工作權重是主管的重要管理職能之
一，其次，也不是每位同仁都能夠理解其工作目標的來源與
重要性，即使是他們自己該知道的。當然，這中間也存在著
部屬與主管對工作的認知不同所致。

在目標設定與工作交辦的過程中，主管要善盡「告知」
與「確認」的動作。至於目標交辦後要如何隨時確認部屬是
否有如質如實地進行，這我們在下一個章節「工作計畫展開
與日常管理」中來說明。

瞭解上述目標執行常見的困擾之後，主管可以做的，就
是從目標設定開始，隨時與部屬進行溝通與討論，畢竟，大
家都是一個工作團隊，要隨時保持「狀況共有」。

# **E x e r c i s e** 重點複習

目標要能夠具體與量化，如此部屬能夠知道要做什麼，以及要完成的狀態。

透過時間與權重的設定，可以讓部屬知道目標的輕重緩急。

在目標設定與工作交辦的過程中，主管要善盡「告知」與「確認」的動作。

# 工作目標的來源

　　期初，主管的重要工作就是要設定部門的工作目標，但是很多時候，主管常常被上級指示：「請自行設定你部門與你自己的工作目標，然後拿來和我討論！」這下好了，不是說目標通常都是上級交辦的嗎？怎麼會要我自己想怎麼設定目標呢？

　　有些企業會在前一年底進行高階策略營，來制定企業短、中、長期的策略方向，從這定案的方向中，來展開各部門年度的工作目標。有些企業不一定會有這樣完整的討論與方向，那對主管來說，該怎麼設定我們的年度目標呢？

　　我們可以從以下幾個面向來探討，一般來說，工作目標有四個來源：

## ▲企業年度的經營目標

通常這類的工作目標和營運績效有關，不論是為了提高營業額、獲利，或者是為了滿足客戶需求，擴大產品或服務的市佔率，都屬於從上到下縱向展開的目標工作。

比方說，為了實現企業「營收獲利最大化」這個目標。在行銷、業務層面的目標，就必須著眼在「市場佔有率提升」、「爭取最大化目標客戶的數量」、「提高現有客戶延續率」。在內部研發、製造層面的目標，就致力在「品質最佳化」、「成本最低化」，以及「交期最速化」。最後在行政後勤層面的目標，就確保「人力資本最優化」、「資訊系統最佳化」，以及「管理職能最適化」。

因此，在高階主管的策略規劃，通常會採用「平衡計分卡」（表2-2-1）從「財務、顧客、流程、學習發展」四個構面去規劃達到企業短中長期目標，及各部門所應採取的行動方針。

除了透過前面所提的高階經營策略會議中可以知道企業的方向外，也可以透過與上級主管的詢問瞭解，老闆近期的指示，或從高階例行會議中，得知企業近期發展的目標與方向，作為部門目標設定的參考。

瞭解企業年度經營目標的好處就在於，可以讓各部門知道「為何而戰」，各部門的目標達成，就能創造企業總體目

| 企業年度經營目標 | 實現企業「營收獲利最大化」 | 負責單位 |
|---|---|---|
| 財務構面 | 資本運用報酬率最大化、降低營運成本 | 經營管理部 |
| 顧客構面 | 「市場佔有率提升」、「爭取最大化目標客戶的數量」、「提高現有客戶延續率」 | 行銷處、業務處 |
| 流程構面 | 「智慧財產權合法性」、「品質最佳化」、「成本最低化」，以及「交期最速化」。 | 法務部、研發處、製造處、採購處 |
| 學習發展構面 | 「人力資本最優化」、「資訊系統最佳化」，以及「管理職能最適化」。 | 資訊處、人資處 |

表 2-2-1

標的達成。也讓各部門瞭解彼此工作績效的關聯性，任何工作不是自己完成就好，還要靠其他部門的協助，有助於跨部門溝通與合作。

## 🔶 改善與創新的專案

通常這類的工作目標和部門內部流程有關，一種是針對去年工作執行方式的缺失進行改善，一種是為了達到企業年度目標，部門盤點目前在人力、設備、流程、方法等方面不

足的部分，進行改善計畫。

　　比方說，針對去年因為品質不良遭到客訴退貨的案例，研發部門要找到不良率發生的原因，並且進行流程、模具，或人員教育訓練的改善，作為今年度改善的目標。製造部門為改善出貨延遲狀況，針對流程設計、品質檢驗方式，以及人員優化方面提出改善計畫。面對目前市場人才競爭的狀態下如何為企業爭取更多優秀的人才，人力資源部門要針對招募策略、企業內部留才策略提出有效對策，做為今年度的工作目標，以保持企業的優質人力。（表 2-2-2）

| 改善性的目標 | 負責單位 |
|---|---|
| 為降低不良率：<br>流程改善、模具設計、人員教育訓練 | 研發、設計、研管 |
| 為改善出貨延遲：<br>作業流程、品質檢驗方式，人員能力優化 | 製造、工程、品管 |
| 為爭取更多優秀人才：<br>徵才管道多元化、留才策略修訂 | 人資、招募、薪酬 |

表 2-2-2

## ▲主管交辦事項

工作目標的另一個來源,就是主管交辦事項,主管針對員工的能力,或者未來職涯發展規劃,為員工進行年度工作目標設定,其目的是為了「提升專業工作能力」、「增加處理事務的經驗」,或者是「培育未來更高層次工作或職位的能力」等。比方說,蒐集與瞭解競爭對手的策略。瞭解客訴的狀況並回報、執行某產品記者會等作為行銷部門工作的目標。

## ▲工作職掌範圍內的例行性工作改善專案

通常這類的工作目標和本身職務相關,這部分可以透過第一章所提到的「職務說明書」中的內容來做自己年度工作目標設定,比方說,薪酬部門的工作職掌之一是「準時發薪」,會計部門的工作職掌之一是「定期結帳」,品保部門的工作職掌之一是「彙總異常報表」等,這些都是例行性要完成的工作,也是目標設定中不可或缺的執行項目。如何將例行性工作做得更快更好,也是工作改善目標之一。

在了解工作目標的來源之後,在目標設定上就能清楚要從哪些面向來設定我們的年度工作目標了!

企業年度的經營目標：通常這類的工作目標和營運績效有關，屬於從上到下縱向展開的目標工作。

改善與創新的專案：通常這類的工作目標和部門內部流程有關的改善計畫。

主管交辦事項：主管針對員工的能力，或者未來職涯發展規劃，為員工進行年度工作目標設定。

工作職掌範圍內的例行性工作改善專案：這類的工作目標和本身職務相關，可以透過「職務說明書」中的內容來做自己年度工作目標設定。

# 目標設定的方法

部門主管承接上級主管的目標，依照自己的權限，以及工作的範圍來進行目標的拆解。也就是「為了完成上一階層的目標，我們要完成什麼樣的工作」的方式來做部門目標設定與任務分配。

## ■目標的展開

比方說，為達到「○○產品市占率 25%」的企業經營目標。分配至各部門的目標為，

研發處的目標：「新產品的開發」。

行銷處的目標：「品牌的推廣」。

業務處的目標：「達到銷售額 5000 萬元」。

針對上述處級目標，再依照各部門的職掌，往下展到各部門目標與任務分配：（如表 2-3-1）

　　設計部針對研發處的處級目標：「新產品開發」，設定「高階產品佔 20%、中階產品佔 50%，以及低階產品佔 30%」為年度目標設定。為達到設計部各階層產品的開發目標，設計部之下的市調課就要以市場調查分析（包含競爭對手與客戶）為重點工作，系統課就要以「產品系統優化」做為年度重要工作項目，以及設計課就是全力完成所有產品的設計規劃為該部門的年度目標。

　　行銷部針對行銷處的處級目標：「品牌推廣」，設定「透過廣告聲量提升 50%，來推廣品牌能見度」為年度目標設定。為達到行銷部「達到廣告聲量 50%」的目標，行銷部之下的品牌課就要以 CIS 設計為重點工作，推廣課就要以「行銷推播」做為年度重要工作項目，以及行銷課就是全力完成「產品的通路佈建」為該部門的年度目標。

　　業務部針對業務處的處級目標「銷售額目標 5000 萬元」，設定「A 級客戶營業額佔 30%、B 級客戶營業額佔 50%、其他客戶營業額佔 20%」為年度目標設定。為達到業務部設定「A 級客戶營業額佔 30%、B 級客戶營業額佔 50%、其他客戶營業額佔 20%」的目標，業務部之下的業務一課就要以「新客戶的開發」為重點工作，業務二課就要以「舊客戶的回購」

做為年度重要工作項目，以及業管課就是以完成「優惠方案的擬定」為該部門的年度目標。

這就是承接企業年度經營目標，所往下開展的部門目標設定與任務分派。

| 處級目標 | | 處級計畫方案 | 部門目標 | | 目標計畫 | 負責單位 |
|---|---|---|---|---|---|---|
| 目標項目 | 目標值 | | 目標項目 | 目標值 | | |
| ○○產品市占率 | 提升至25% | 研發處：新產品開發 | 設計部：新產品開發 | 高階產品開發佔20%<br>中階產品開發佔50%<br>低階產品開發佔30% | 市場調查系統優化產品設計 | 市調課系統課設計課 |
| | | 行銷處：品牌推廣 | 行銷部：品牌能見度 | 廣告聲量50% | CIS設計行銷推播通路佈建 | 品牌課推廣課行銷課 |
| | | 業務處：銷售額目標5000萬元 | 業務一部：年度營業額 | A級客戶營業額佔30%<br>B級客戶營業額佔50%<br>其他客戶營業額佔20% | 新客戶的開發<br>舊客戶的回購<br>優惠方案擬定 | 業務一課業務二課業管課 |

表 2-3-1

# ▲明確的目標設定

主管的職責之一就是要承上啟下，所謂的承上，就是要將上層主管的策略與目標，轉化為可行的工作要項，並且具體的說明給部屬暸解，這就是啟下。而透過彼此討論與釐清，讓每一位工作同仁都能暸解工作目標的來源，以及本身工作任務要達成的狀態。

因此目標設定要遵循 SMART 的原則，這是來自於管理大師彼得·杜拉克（Peter F. Drucker）1954 年所出版的管理實踐（The practice of management）一書所提。根據彼得·杜拉克（Peter F. Drucker）的說法，所謂 SMART 分別是：

## ☀Specific 明確的

所謂的明確，就是要用具體、清楚的說明要達成的結果，與行為標準。如果目標設定的不夠明確那麼執行的方向就會無所依循。因此，與其設定「提升營業額 10%」這樣的目標，不如設定「完成○○產品的業績營收達新台幣 5000 萬元」，不但能夠清楚暸解要完成的目標標的是「○○產品的業績營收」，也能夠清楚知道要完成的目標金額是「新台幣 5000 萬元」。

## ☀Measurable 可測量的

目標應該要有一組明確的數據作為衡量是否達到目標的依據，如果目標的設定無法衡量那麼將無法驗收其達成的效

果。因此，與其設定「讓客戶有賓至如歸的感覺」這樣的目標，不如設定「相較於去年同期，提升客戶平均滿意度從 4.5 到 4.8」，不但能夠有具體的數據可供衡量客戶對我們服務的滿意度，也可以透過與過往數據的比較，來暸解客戶服務工作優化的狀態。

## ☀ Achievable 可達到的

目標是可以讓執行的人能夠實現達到的，而不是好高騖遠將目標訂得太高，無法達到，不然就是訂的太低，太容易達成。 目標應該設定具有挑戰性要努力一下才有辦法達到的。因此，與其設定「加速總務修繕回覆速度」這樣的目標，不如設定「縮短總務修繕回覆速度，從原本七天到四天內完成」，雖然流程的縮短需要很多方面的溝通、協調、與整合，但是只要願意設定挑戰性的目標，就能激發較多創新的做法。

## ☀ Relevant 相關的

相關性是指，除了目標與自己本身工作職掌是有關連之外，完成自己的目標時，其他部門的目標也會相對的連結完成。這是回應上述為了讓主管與部屬暸解工作目標的「重要性」，任務的完成除了達到部門績效之外，也能夠促使其他部門完成績效，以致企業的整體績效能夠達成。比方說「客戶滿意度的提升」，有助於「業績營收」的達成，也代表這個目標的設定是「有意義」的，因此針對不同重要性目標，

要給予不同的「權重」，有助於主管在後續「日常管理」中瞭解部屬是否花「對的時間」在做「對的事情」。

### ☀ Time-bonded 有期限的

目標必須要在限定的時間完成而不是遙遙無期。完成時間的設定，就能夠瞭解工作目標與任務的「急迫性」。完成的時間愈短，就愈「急迫」；完成的時間愈長，就愈「不急迫」。而這個目標完成的時間是要透過主管與部屬共同討論後決定。若有任何狀況需要變更，則需開會重新調整。關於目標調整的部分，我們會在「問題分析與工作改善」的章節中詳細說明。

目標設定 SMART 範例（如表 2-3-2）

| 動詞 | 主要工作 | 達成目標值 | 完成時間 | 權重 |
|---|---|---|---|---|
| 完成 | 〇〇 產品的業績營收 | 新台幣 5000 萬元 | 12/31 | 30% |
| 增加 | 客戶平均滿意度 | 相較於去年同期 從 4.5 分到 4.8 分 | 6/30 | 20% |
| 縮短 | 總務修繕回覆流程 | 從 7 天到 4 天 | 3/31 | 15% |

表 2-3-2

## ▲如設定挑戰性的目標？

在目標設定 SMART 原則當中，我最常被問到的就是：「要

如何設定挑戰性的目標?」如同我們前面所述,如果你真的去問老闆,他一定會告訴你:「業績當然是愈多愈好,不良率是愈低愈好⋯⋯」等,在「可衡量」的目標下,當然就是以上級交辦的數字為我們年度的挑戰目標。不過身為主管,我們在這裡要特別探討的是另外一個管理層面的問題,那就是「部屬完成了挑戰性的目標」後,可以獲得什麼?或者,你也可以問「部屬沒有達到挑戰性的目標」會怎麼樣?身為主管的大忌就是,在目標設定的時候告訴部屬:「上級交辦的目標就是這樣,我也沒辦法」,雖然真的有難言之隱,不過這樣的說明也只會讓部屬對工作與對主管產生疑慮。

人是「趨吉避凶」的動物,在職場上,會靠往對自己比較有利的,而遠離對自己有害的,包括有形的「薪酬、獎金、職位」,以及無形的「鼓勵、成就、發展」。因此我們在設定「挑戰性目標」的時候,主管也要想到:如何讓員工認為達到挑戰性目標之後會得到合理的「激勵」?這裡的激勵可以分為三種,分別是制度的激勵、主管的激勵,以及員工的自我激勵。

### ☀制度的激勵

包含企業內部的獎酬機制、績效管理制度。主管對於企業的獎酬制度與績效管理制度要有基本的認知,在設定挑戰性目標時,也能夠讓部屬「預見」成功後得到的果實,因此

能夠激勵員工往更高目標邁進。這部分我們會在「績效管理與員工發展」的章節中詳細說明。

### ☀ 主管的激勵

包含日常管理中的肯定與讚美、工作內容的豐富化，以及未來職涯發展的安排等。主管對於員工做得好的地方要給予肯定與讚美，並在日常工作訪談與指導的過程中瞭解員工的特質與能力，以安排更高層次的工作與歷練。網路知名企業亞馬遜，其企業文化之一就是主管平時會讓部屬瞭解其工作職涯歷程，也就是主管的工作交辦與指導是為了培育其勝任下一個職務所應具備的能力，以便讓部屬有心理準備去承擔更具「挑戰性」的目標與任務。主管的領導與激勵部分，我們會在「團隊領導與共識建立」的章節中詳細說明。

### ☀ 員工的自我激勵

每一個人進入職場工作的目的都不一樣，也不是每個人都胸懷大志的希望在職場上成為站在船頭上領導大家的航海王。瞭解工作夥伴的個性以及其對工作的想法與期許，就是主管很重要的工作之一。因此在目標設定的過程中，與部屬共同討論並瞭解每個人對工作的能力與期待，授予不同的挑戰性目標，做到「因材施教」的人才發展。關於如何針對不同特性的部屬給予不同的指導與授權，我們會在「部屬培育與工作指導」的章節中詳細說明。

目標設定的方法：部門主管承接上級主管的目標，依照自己的權限以及工作的範圍來進行目標的拆解。也就是「為了完成上一階層的目標，我們要完成什麼樣的工作」的方式來做部門目標設定與任務分配。

目標設定 SMART 原則：具體、可衡量、可達到、相關的，以及具有時間限制的。

要設定挑戰性的目標時，主管必須先瞭解制度的激勵有哪些，讓員工可以「預見」達成後的果實，在期初目標設定時，主管要針對部屬不同狀態給予不同的挑戰性目標。

# 合理的任務交辦

　　所謂任務交辦，就是決定目標工作要由誰來做，也就是指定「人選」。主管不可能事事都自己親手去做，因此，主管應該站在企業組織整體、效率的立場，來做有效的工作分配。畢竟，善用部屬的能力是主管的職責之一。

　　任務交辦最好的方式就是，依照職務說明書以及職涯發展計畫，合理的工作分配是依照所屬部門的功能與權限來進行，這些功能與權限來自於我們第一章所提到的「職務說明書」中對於每一個職位的規範，這也就是為什麼職務說明書又稱為「責任範圍」，在本身責任範圍內的工作當然是員工本身要完成的。相同職務同時有多個部屬時，可依照能力與經驗進行工作分配，也可依照職涯發展計畫來進行工作分配。

## ▲以能力為考量的任務交辦

工作的分配依照工作應具備的知識、技能、態度等條件（又稱資格條件），比對部屬現有的能力來決定分配的工作。

若部門內有五位員工（圖 2-4-1），A 的工作能力符合目前工作需求、B 的工作能力低於目前工作需求、C 的工作能力略高過目前工作需求，D 的工作能力遠超過目前工作需求，E 的工作能力遠低於目前工作需求。在工作分配上，主管應該怎麼做呢？

首先我們將工作區分重要急迫、一般性、不重要不急迫三種

由於 B 的能力低於工作需求，因此交辦一般性的工作給他，目的在培育其工作基本的能力，使其提升至正軌。

A、C 與 D 的能力符合，也超過工作需求，因此交辦重要又急迫的工作給 A、C 與 D，不但可以使其歷練更高難度的工作，也可發展其未來應具備的能力。

由於 E 遠低於工作需求，因此交辦不重要又不急迫的工作，並請 D 協助指導，此外主管還需要搭配輔導與監控機制（詳見部屬培育與工作指導）使 E 能夠回到能力水準。

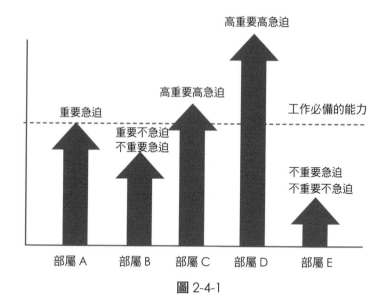

圖 2-4-1

　　主管的工作交辦與指導是為了培育其勝任下一個職務所應具備的能力，以便讓部屬有更多能力、經驗，以及心理準備去承擔更高層次的工作與責任。


## ■適才適用的任務交辦方法

　　工作分配，除了能力考量之外，還可以參考以下層面：

### ☀依照經驗考量

　　按照對工作的經驗值來進行分配。經驗值愈高，愈能夠處理工作中的狀況。

### ☀依照潛力考量

部屬目前尚未具備能力與經驗，但有潛力提升與精進，可安排其擔任難度較高的工作。

### ☀依照特質考量

有些工作適合某些特質的部屬。比方說與分析、數據相關的工作，交由謹慎細心的部屬較能夠處理完善。屬於外部拓展與溝通的工作，交由個性活潑的部屬能夠獲得較好的成果。

### ☀依照需求考量

滿足部屬本人所希望的，給他最想做的工作，亦即「投其所好」。

不論依照哪個考量方向，在分配工作之前，主管應該先讓每一個部屬表明其意願，而後選擇交辦，以期做到適才適用。

即使我們做到了以上原則的工作分配，在組織內仍不免會有不平之鳴，這都屬於正常狀況。工作的分配雖然沒有辦法做到完全的公平，只要主管是兼顧任務達成與部屬培育的面向進行工作的分派，並且與部屬共同討論，暸解其能力與發展意願下，取得共識的結果，就能降低工作分配上的阻礙。

主管有時也必須負起風險管理的責任，也就是為了等待部屬能力提升，主管要承擔部屬可能犯錯的風險，因此不管是指派資深同仁成為輔導員，或者定期進行檢核，都是可以降低工作執行風險的方法。

任務交辦最好的方式就是，依照職務說明書以及職涯發展計畫。合理的工作分配是依照所屬部門的功能與權限來進行

工作的分配依照工作應具備的知識、技能、態度等條件（又稱資格條件），比對部屬現有的能力來決定分配的工作。

工作分配，除了能力考量之外，還可以參考以下層面：依照經驗考量、依照潛力考量、依照特質考量、依照需求考量

主管兼顧任務達成與部屬培育的面向進行工作的分派，並且與部屬共同討論，瞭解其能力與發展意願下，取得共識的結果，就能降低工作分配上的阻礙。

為了等待部屬能力的提升，主管要承擔部屬可能犯錯的風險，因此不管是指派資深同仁成為輔導員，或者定期進行檢核，都是可以降低工作執行風險的方法。

Chapter 3

# 計畫展開與日常管理

做正確的事比把事情做對更重要。

美國管理作家與管理顧問 彼得·杜拉克
（Peter F. Drucker）

# 展開工作要項

組織目標的完成來自部門績效的展現,部門績效的展現,來自於個人工作項目的完成。因此,所謂高績效的執行力,就是每一部門或個人把企業組織的目標轉化成行動,並以終為始的把行動變成結果,在質與量兼顧下,有效率完成任務的能力。

因此,工作計畫就是「為了達到目標,而擬定做事方法的過程」比方說五天四夜的旅遊行程,我們在做計劃的時候,要確認的事情有:

● 有哪些人一起去?

● 預計要花多少錢?每人平均預算是多少?

● 要用什麼方式進行旅遊?(腳踏車、機車、汽車、遊覽車、火車,還是其它。)

● 要在什麼時間點前往?

● 要去哪些地方?要住在哪裡?要吃什麼?要玩什麼?

● 要準備哪些物品（衣服、背包、3C、裝備、藥品⋯⋯）

透過以上的例子，我們可以知道，工作計畫有以下幾個特性：

● 工作計畫要明確、具體、可執行的目標。

● 按照工作計畫操課，了解何時可以完成什麼工作。

● 工作計畫除了工作項目外，也羅列了所需要的資源、預算、時間，以及可能的風險。

● 工作執行的結果是對自己，或者企業、組織會帶來改變與效益。

如果有進行事先的規劃，在執行工作的過程當中，可以確認方向、控管過程，甚至可以提前發現執行過程中可能發生的問題。如果沒做規劃，雖然也是可以執行工作，但是對於目標、時間，以及面對突發狀況，就可能無法做事先的預防與準備。

那麼，我們要怎麼開始我們的工作計畫呢？

我們可以依照以下的步驟進行：列工作、排順序、定資源、估風險、落實執行。

針對我們的年度目標，不管是企業營運目標有關、與部門改善或創新有關，或者是例行性的工作改善，或是主管交辦事項，為了達到上述的目標，我們要執行哪些計畫或工作要項，是我們在計畫展開要探討的。

比方說，資訊部門今年的重點工作目標之一，是要上線一款新的 app 服務，主管指示：「今年底前，完成○○系統上線運作。」

關於這個年度專案，我們要做的工作項目可能有：需求調查、調查資料分析、資料彙總報告、系統規格設計、系統開發、系統測試、系統上線、行銷規劃、行銷文案編寫、行銷宣傳上線、操作說明書設計、系統操作培訓、使用者回饋報告分析、系統確認驗收、效益分析、付款結案等。


## ▲階段性的工作展開

將工作計畫區分幾個階段，而每個階段各有需要執行的工作項目。

比方說：主管指示：「今年年底前，完成○○系統上線運作。」

關於這個年度專案，我們可以區分以下幾個階段（圖3-1-1），每個階段應該要做的工作項目為：

### ☀分析階段

需求調查、調查資料分析、資料彙總報告。

### ☀規劃階段

系統規格設計、行銷方案規劃、操作說明書設計。

**☀ 執行階段**

　　系統開發、系統測試、系統上線、行銷文案編寫、行銷宣傳上線、系統操作培訓。

**☀ 驗收階段**

　　使用者報告分析、系統確認驗收、效益分析、付款結案。

　　階段性的工作展開：是以流程的方式來展開工作的項目，它的優點是可以看到整個工作計畫的全貌，也方便執行者檢視工作項目是否有疏漏之處。

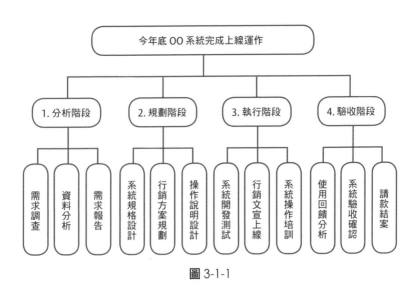

圖 3-1-1

# ▲功能性的工作展開

將工作計畫依照相同功能別歸類在一起，由單一功能別的單位或個人執行該功能別的工作項目。

比方說：主管指示：「今年底前，完成○○系統上線運作。」

關於這個年度專案，我們依照工作的項目區分四個功能別（圖 3-1-2），每個功能別應該要做的工作項目為：

## ☀市調部

需求調查、調查資料分析、資料彙總報告、使用者報告分析、系統確認驗收、效益分析、付款結案。

## ☀設計部

系統規格設計、系統開發、系統測試、系統上線。

## ☀行銷部

行銷規劃、行銷文案編寫、行銷宣傳上線。

## ☀客服部

操作說明書設計、系統操作培訓、線上教學。

功能性的工作展開：是以專業分工的方式來展開工作項目，它的優點是可以看到相同類型工作的內容，然後再依照流程來進行工作項目展開。

前兩個工作展開的方式，大多用於工作計畫展開的順序排列。若屬於每日工作要項，或者臨時交辦要完成的工作，

我們可以透過快速盤點進行分析，例如：今日被交辦「要在下午三點以前，完成主管交辦的專案會議安排。」

關於這個交辦事項，我們要做的工作項目可能有：會議通知、場地安排、與會人員的選擇（包含代理人）、議題的準備、簡報的製作、參考資料裝訂、設備確認等。

列工作的目的在於盤點我們所有要做的事情，以方便後續工作順序的排列，以及資源盤點，當所有工作要項完成時，也就是工作績效達成的時候。因此工作盤點要特別仔細，身為主管可以在部屬盤點完工作之後，快速檢視是否有疏漏之處，以利後續工作順利進行。

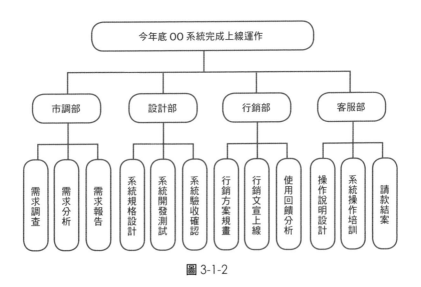

圖 3-1-2

列工作是指，為了達到上述的目標，我們要執行哪些計畫或工作要項。目的在於盤點我們所有要做的事情，以方便後續工作順序的排列，以及資源盤點，當所有工作要項完成時，也就是工作績效達成的時候。

階段性的工作展開：是以流程的方式來展開工作的項目，它的優點是可以看到整個工作計畫的全貌，也方便執行者檢視工作項目是否有疏漏之處。

功能性的工作展開：是以專業分工的方式來展開工作項目，它的優點是可以看到相同類型工作的內容，然後再依照流程來進行工作項目展開。

屬於每日工作要項，或者臨時交辦要完成的工作，我們可以透過快速盤點進行分析，盤點要完成工作的待辦項目有哪些。

# 排列優先順序

當工作項目列出來之後，會發現要做的工作好多，每個工作看起來都很重要，到底要先做哪一個，如果不做工作順序的排列，會發生多頭馬車，這個也沒完成，那個也沒完成的窘境。

相信大家都可能遇過以下的狀況：每天上班除了有既定的工作計畫要做之外，也會面臨手上工作發生問題要解決，因為專案的需求，其他部門前來溝通，期望協助的事項很多，當然，可能還會接到客戶層出不窮的詢問電話；就在工作時間爆炸的時刻，我們的主管又來湊一腳，臨時交辦了一些工作指示，面對手上所有的工作，以及每個人都說很緊急的情況下，我們該怎麼處理呢？

透過以上的例子我們可以知道，面臨很多工作的交辦，如果沒有妥善的安排優先順序，就會造成花最多的時間卻沒有最好的產出，也就是沒有效率。如果有好的優先順序排列，

可以幫助我們妥善完成工作，並且兼顧效率與效果。

當面對接踵而來的工作，我們可以快速思考以下的問題：

●確認是否有處理過的經驗

●確認處理的難度

●估算可能花費的時間

●依照重要急迫排序


## 🔔確認是否有處理過的經驗

有處理過的經驗，不管是不是重要或急迫，至少在心裡面，我們會這樣想：「呼！好里加在，我知道該怎麼辦！只要透過 1-2-3-4-5 步驟，或者記得在哪個過程要去找誰詢問或協助，這件事情就能夠妥善地完成。」

如果是沒有處理過的經驗，在心裡面的 OS 就會變成：「慘了！完全沒處理過耶，怎麼辦？」，雖然這樣心情很糟，不過也給自己另外一個聲音，就是：「沒關係，我可以內部找資源，外部找援助，總是有辦法的！」

所以，優先處理有經驗的工作，因為我們熟悉它的狀況，瞭解執行的步驟，因此能夠在預期的時間內完成，然後爭取更多的時間來好好面對沒有經驗的工作與狀況。

比方說，「要在下午三點以前，完成主管交辦的專案會議安排。」

有經驗的事情包括：會議通知、場地安排、參考資料裝訂、設備確認……等。

沒有經驗的事情可能是：與會人員的選擇（包含代理人）、議題的準備、簡報的製作……等。

因此在有經驗的事項快速完成後，投入最大的時間來確認人員、以及進行相關會議內容的準備。（表 3-2-1）

| 類別 | 工作項目 |
|---|---|
| 有經驗的項目 | 會議通知 |
| | 場地安排 |
| | 資料裝訂與確認 |
| | 設備確認 |
| 沒有經驗的項目 | 與會人員的選擇（須向主管確認） |
| | 議題的準備（須向主管確認） |
| | 簡報的準備（向主管確認） |

表 3-2-1

# ▲確認處理的難度

有經驗的事情被釐清出來之後，接下來我們要做的事情就是來盤點這些工作的困難程度，以及預計花費時間的長短。

所謂的困難程度，和能力與職位權限有關，這和前面我們所提到的「重要性」不太一樣。

重要性，是指工作對績效佔比的百分比，百分比愈高愈重要。或者是這個工作對後續的影響程度。影響程度愈高愈重要。

而困難度有兩種，一個是「現有工作能力能夠完成這個工作的程度。」

現有能力可以輕鬆完成，就代表困難度很低；現有能力不容易完成，或者無法完成，代表困難度很高。

另一個則是「現有的職位與權限能否決定」。（表3-2-2）

本身職位權限能夠完全決定的，代表困難度很低；本身職位權限無法決定的，代表困難度很高。

比方說我們剛剛提的例子，「要在下午三點以前完成主管交辦的專案會議安排」。

在「與會人員的選擇（包含代理人）」、「議題的準備」上，由於本身並非專案工作團隊的成員，因此對於議題與參與成員的屬性並不瞭解，這些必須由交辦主管協助我們來處理，其他如會議通知、場地安排、參考資料裝訂、設備確

認……等，都是相對比較容易處理安排的。

所以，優先處理困難度低的工作，因為是我們能力與權責能夠執行的，因此能夠在預期的時間內完成；然後爭取更多的時間，來好好面對困難度較高的工作與狀況。

| 類別 | 工作項目 |
|------|---------|
| 本身職位權限能決定 | 會議通知 |
| | 場地安排 |
| | 資料裝訂與確認 |
| | 設備確認 |
| 本身職位權限無法決定 | 與會人員的選擇（須向主管確認） |
| | 議題的準備（須向主管確認） |
| | 簡報的準備（向主管確認） |

表 3-2-2

## ▲估算可能花費的時間

依照我們的能力、權限與事情的困難度等面向，來「主觀」的評估判斷要完成這個工作大該要花多少時間。

比方說我們剛剛提的例子，「要在下午三點以前完成主管交辦的專案會議安排。」

依照我們的能力與權限，我們各項工作預計完成的時間可能為：（表 3-2-3）

| 工作項目 | 預估時間 |
|---|---|
| 會議通知 | 10 分鐘 |
| 場地安排 | 5 分鐘 |
| 資料裝訂與確認 | 20 分鐘 |
| 設備確認 | 5 分鐘 |
| 與會人員的選擇（須向主管確認） | 5 分鐘 |
| 議題的準備（須向主管確認） | 5 分鐘 |
| 簡報的準備（向主管確認） | 30 分鐘 |
| 總計需要工作時間 | 80 分鐘 |

表 3-2-3

## ▲依照重要急迫排序

一般我們提到優先順序，就會想到「重要性」與「急迫性」兩個關鍵詞。

所謂重要性，是指工作對績效佔比的百分比，這百分比在目標設定中，就是「權重」，百分比愈高愈重要。或者是這個工作對後續的影響程度。影響度愈高愈重要。

所謂急迫性，就是我們能夠處理這個工作的時間長短。處理的時間愈短愈急迫，處理的時間愈長愈不急迫。

依照重要與急迫兩個指標，我們分成四個象限：「高重要、高急迫」、「高重要、低急迫」、「低重要、高急迫」、以及「低重要、低急迫」。（圖 3-2-4）

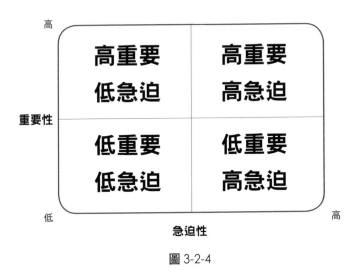

圖 3-2-4

☀ **請問以下的工作，分別屬於哪一種類型的呢？**

① 因為專案工作遇到瓶頸，可能會影響時程進度。主管交辦要於今日下午三點以前召集專案相關人員進行跨部門溝通會議。

② 為了儲備業務與行銷管理人才，總經理希望在今年度辦理儲備幹部訓練。

③ 同事發了一個下午茶的團購，在下午兩點前要回覆。

④ Email 信箱裡面累積了許多必須今日內回覆的例行報表。

　　專案工作會議因為涉及專案進度的影響，因此屬於高重要；現在交辦，下午三點就要召開會議，因此屬於高急迫。

儲備幹部訓練對未來管理階層的傳承有重大影響，因此屬於高重要；只要在今年內舉辦，並沒有設定完成期限，因此屬於低急迫。

　　下午茶的團購，對工作來說並沒有重大影響性，因此屬於低重要；今天沒有吃到下午茶，改日再吃也是可以，因此屬於低急迫。

　　要回覆的報表，屬於例行性的工作，因此屬於低重要；因為要在今日內回覆，因此屬於高急迫。（如圖 3-2-5）

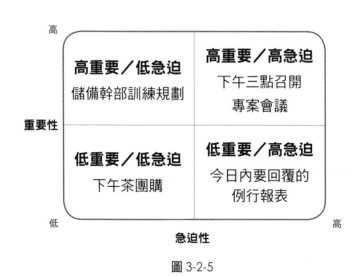

圖 3-2-5

**☀知道了工作優先順序的分配之後，那麼事情處理的優先順序又是如何呢？**

首先要做的，自然就是「高重要、高急迫」的事情、以及最後要安排做的是「低重要、低急迫」的事情。

以上述的案例來說，就是優先處理「高重要、高急迫」的「專案會議的安排」，最後處理的，就是「低重要、低急迫」的下午茶的團購。

那麼請問大家：「高重要、低急迫」，以及「低重要、高急迫」誰要優先執行呢？

答案是，低重要、高急迫的事情優先於高重要低急迫的事情。為什麼呢？

它的關鍵就在於「高重要、低急迫」的事情是要花比較多的時間去處理，所以要有更多的思考、安排、規劃。「低重要、高急迫」的事情，大多屬於緊急的問題解決，或者是過往經驗與資源比較容易取得與處理的。

在假設所有工作都要在今天內處理完成的前提下，快速的將「低重要、高急迫」的事情解決後，就能夠爭取更多的時間來進行「高重要、低急迫」的工作。當然，如果低重要高急迫的工作，有辦法在溝通協調下延緩交付時間，自然就能夠先以高重要、低急迫的工作優先執行。

以本案例來說，我們先給自己一小時的時間把 email 裡的

訊息瀏覽一遍，然後將例行性的工作迅速處理完畢。然後再給自己兩個小時的時間，好好的進行儲備幹部的需求分析與規劃，最後提出方案。（表 3-2-6）

| 工作項目 | 重要急迫性 | 處理順序 |
|---|---|---|
| 優先處理下午三點召開專案會議 | 高重要、高急迫 | 1 |
| 快速處理要回覆的例行報表 | 低重要、高急迫 | 2 |
| 花最多時間進行儲備幹部訓練計畫 | 高重要、低急迫 | 3 |
| 可有可無的下午茶的團購 | 低重要、低急迫 | 4 |

表 3-2-6

在「高重要、高急迫」的「要在下午三點以前完成主管交辦的專案會議安排」的工作優先順序為（表 3-2-7）：

| 工作項目 | 重要急迫性 | 預估時間 |
|---|---|---|
| 議題的準備（須向主管確認） | 高重要、高急迫 | 5 分鐘 |
| 與會人員的選擇（須向主管確認） | 高重要、高急迫 | 5 分鐘 |
| 場地安排 | 高重要、高急迫 | 5 分鐘 |
| 會議通知 | 高重要、高急迫 | 10 分鐘 |
| 簡報的準備（向主管確認） | 高重要、低急迫 | 30 分鐘 |
| 資料裝訂與確認 | 高重要、低急迫 | 20 分鐘 |
| 設備確認 | 低重要、低急迫 | 5 分鐘 |
| 總計需要工作時間 | | 80 分鐘 |

表 3-2-7

透過以上的例子我們可以知道，「高重要、高急迫」的是要趕緊發出會議通知，因此，會議通知的內容，包含本次專案會議要討論的議題、哪些人員要參加，要在哪裡進行會議，時間多久……等，就要優先趕緊確認與處理。

會議通知發出之後，再花最多時間與主管進行簡報的製作（高重要、低急迫），然後將會議中要發給每位與會者的各項資料進行裝訂，或寄發電子檔（高重要、低急迫），最後在會議開始前，再進行設備的測試與確認（低重要、低急迫）。

### ☀️每天都有做不完的事情，重要急迫誰說了算？

部屬每天有做不完的事情，上級交辦、跨部門插單，主管總是認為部屬沒有把時間放在對的地方，部屬有問題也不敢向主管反映與確認，對於和客戶溝通的報告，也無法完整估算可交付時程，導致工作常常延遲。

通常會發生以上的狀況有幾個可能的原因：

工作在交辦時候，主管與部屬沒有做有效的溝通與佈達，讓彼此知道工作的重要性與排序，以及日常工作管理的過程中，部屬面對狀況沒有及時或正確地將訊息讓主管知悉，以致於主管在檢視工作的當下，才發現部屬的工作進度與內容，與自己預期的不太一樣。當然這其中也涉及主管團隊領導的問題，才會讓部屬有不敢向主管反應與確認的情形發生。

因此，主管在交辦工作的時候，同時也要協助部屬進行目前手上工作的狀態與進度，協助部屬進行工作的排序，或給予必要的資源與支援，讓部屬可以將時間用在對的地方，將工作任務順利完成。

　　排順序的目的在於瞭解我們手上所有的工作要項，哪些要優先處理、哪些要花最多時間處理，有助於確認哪些是目前「對的事」。由於日常工作中「臨時交辦事項」與「突發狀況」特別多，因此主管在交辦任務的當下，也要隨時和部屬進行工作盤點與優先順序排列，必要時給予部屬應有的資源與支援，以利部屬能夠「做對的事」，也能有效「把事情做對」。

當面對接踵而來的工作，我們可以快速思考以下的問題：確認是否有處理過的經驗、確認處理的難度、估算可能花費的時間、依照重要急迫排序。

在有經驗的事項快速完成後，投入最大的時間來進行沒有經驗的事項準備。

優先處理困難度低的工作，因為是我們能力與權責能夠執行的，因此能夠在預期的時間內完成；然後爭取更多的時間，來好好面對困難度較高的工作與狀況。

依照我們的能力、權限與事情的困難度等面向，來「主觀」的評估判斷要完成這個工作大該要花多少時間。

優先處理「高重要、高急迫」的事情、以及最後要安排做的是「低重要、低急迫」的事情。

在假設所有工作都要在今天內處理完成的前提下，快速的將「低重要、高急迫」的事情解決後，就能夠爭取更多的時間來進行「高重要、低急迫」的工作。當然，如果低重要高急迫的工作，有辦法在溝通協調下延緩交付時間，自然就能夠先以高重要、低急迫的工作優先執行。

主管在交辦任務的當下，也要隨時和部屬進行工作盤點與優先順序排列，必要時給予部屬應有的資源與支援，以利部屬能夠「做對的事」，也能有效「把事情做對」。

# 盤點可用資源

講到資源，你會想到什麼呢？

是的，我們很常聽到「人力資源」，從字面上的意思就是，有哪些「人」有能力協助完成工作任務，達到目標。這個人就是人力的資源。

比方說，我們要搬家，有哪些人可以協助我們搬家呢？包括搬家公司、自己家人、隔壁鄰居、姐妹的男友，自己的麻吉……等。當然，請搬家公司也是一個好的選擇，但就需要花比較多的成本，隔壁鄰居只要禮尚往來，自己家人、姊妹男友和自己麻吉，通常就是講一下就會出現的優質人力資源囉！

從上面的例子可以知道，資源的定義就是：一切可動用的力量。而這些力量可以進一步協助我們完成工作的目標或任務。

身為主管，相信很常遇到工作交辦之後，發現部屬很久都沒有動作，一問之下才發現：「不知道要怎麼做？」除了，當下要判斷部屬到底是「不會做」（沒有經驗、沒有應有的知識技術）、「不能做」（職位權限無法施展），還是「不想做」（本身意願）以外，也要協助部屬去釐清，可以透過哪些資源，幫助自己找出做事的方法，而不是待在原地不知所措。

因此，在工作計畫確定之後，接下來我們要思考的是，透過哪些資源可以幫助我們完成工作，我們可以透過以下幾個面向來思考：

## ▲誰來做：這個工作要透過誰來完成？

是透過自己獨立完成、邀請跨部門協作完成、或是請外包專業單位來完成。比方說公司要舉辦產品說明會，可以透過自己規劃、佈置、主持；也可以邀請跨部門協助規劃流程、設計節目、擺放產品與架設機台展示，活動主持與獎品贈送，以及貴賓接待等。最後在預算許可的情況下，也可以委由外部專業策展公司協助規劃、聘請專業活動團隊來執行。是否透過自己、跨部門協作，或者是委由外部廠商執行，也取決於工作規模，以及預算的多寡而定。

## ■如何做：這個工作可以透過什麼流程、方法與工具來完成？

### ☀過往的經驗

過去曾經有類似或相同的工作計畫，因此參考過往的工作記錄或結案報告，瞭解完成工作的方式與應注意事項，做為本次工作執行的參考。

比方說，查閱過去年度訓練執行紀錄，瞭解高階共識營的舉辦方式；查詢過往客訴處理的教戰守則，瞭解面對不同客戶的應對進退技巧，以提升客戶滿意度。

### ☀透過理論與工具

有些工作或專案，必須透過專業的方法論與實作工具來進行，而目前我們沒有這方面的知識、能力與經驗，因此可以透過參與外部訓練課程、線上資料查詢，或專書閱讀的方式來瞭解工作執行的方式。

比方說，瞭解專案管理的五大流程，瞭解如何進行利害關係人的 3R 溝通法則（對的時間找對的人傳遞對的訊息 Right information to the Right person at the Right time）以降低專案執行中的溝通成本；透過 5S 管理（整理、整頓、清掃、清潔、素養）手法，瞭解對於工作環境的管理，以有效提升工作安全。透過銷售 9 大流程（開發、接待、分析、介紹、試用、協商、成交、交付、回訪）瞭解各階段讓客戶從心動、

行動到感動的操作方法。

### ☀ 透過外部諮詢

當過去經驗、理論工具都沒有的情況下，也可以透過向外尋求資源與支援來找到可行的方案。

比方說，透過向主管報告與請教，共同討論；向單位內同事或跨部門單位請教，尋求不同看法。或者透過外部取經，瞭解不同企業在面對相同工作計畫，會採用什麼樣的執行方式，或者透過外部供應商提案與諮詢，參考其執行模式。

其它的資源，包括使用的設備、素材、場地等資源，我們用一個企業內部常見的「舉辦內部訓練課程為例」，完成這個工作要項，可能要考慮的資源有：

●人
哪些人要參加？講師是內部講師還是外部講師？其專長與經驗需求？要怎麼找到這些人？

●機
上課所需要的設備有哪些：電腦、投影機、簡報筆，這些器材公司內哪裡可以取得？

●料
上課所需要的素材，課程案例、活動教具（彩色筆、便利貼、海報紙）、影片、宣傳海報、課前通知等。

這些資源可以透過哪些管道或方式取得？

● 法

教學內容，工作 SOP、法令規章、職能規定、新政策法規等。公司內部是否有，在哪裡可以找到？

● 環

企業內部訓練教室、會議室、外部訓練教室、飯店等。可以透過哪些管道或方式取得？優缺點？

定資源的目的在於瞭解完成工作要項的任何可能性，使部屬瞭解完成工作不僅是只有一種方式，透過各項資源的盤點，找到最適合的方法、管道，或工具，透過自己、跨部門協作，或者外包的方式來有效完成各項工作計畫。

資源的定義就是：一切可動用的力量，協助我們完成工作的目標或任務。

「誰來做」要探討的是，透過自己獨立完成、邀請跨部門協作完成、或是請外包專業單位來完成。

「如何做」要想的是，這個工作可以透過什麼流程、方法與工具來完成？包含，過往的經驗、理論與工具，以及透過外部諮詢。

也可以透過人、機、料、法、環的層面去分析所有資源選項。

3-4

# 評估風險對策

工作都會有計畫不如變化的時候，這也是我們在工作現場中最常發生的狀況。但是如果在工作規劃的時候，能即早評估可能會發生的狀況（我們稱之為「風險」），並且提早訂立因應方案，對於狀況發生時，也可以避免手忙腳亂的情形。

## ☗列出工作過程中可能會出現的風險

我們以於 ABC 酒店舉辦新產品發表會為例，過程中可能發生的狀況有：

- 客戶在機場、集合地點等待時間太久。
- Check in 的時候大排長龍。
- 場地太小，不敷到場的大批參加者使用，或者場地太大會造成發表會場面冷清。
- 冷氣、燈光、音響設備失常。

●外聘主持人臨時缺席。


## ▲設定各種風險的應對方式

我們針對 ABC 酒店舉辦新產品發表會為例，過程中可能發生風險的因應措施是（表 3-4-1）：

| 可能產生的問題 | 因應措施 |
|---|---|
| 客戶在機場、集合地點等待時間太久 | 印製交通路線圖分發給參加產品發表會人員，並註明：請自機場或本市交通要站搭乘計程車前往會場，本公司將依照所搭乘車資，在會中支付給客戶。 |
| Check in 的時候大排長龍 | Check in 時，以掃描 QRcode 或名片交付代替簽到即可直接入座。 |
| 場地太小，不敷到場的大批參加者使用，或者太大場面冷清 | 發表會前 3-6 天，依照報名單上的資料打電話確認。若人數不足，儘快邀請現有客戶派員參加。 |
| 冷氣、燈光、音響設備失常 | 發表會前 3-6 天、前一天再一次確認設備狀態。備妥音響、備用電腦，以備臨時所需。 |
| 外聘主持人臨時缺席 | 由公司統一聯絡演講人員、確認交通，一起前往會場。或由公司部屬代打上陣。 |

表 3-4-1

# ■因應對策 ATM 法則

面對不同的風險也有不同因應的措施，同樣依照可以承受的大小與處理的能力區分以下幾種方式：

## ☀回避（Avoid）

透過主動積極的作為，讓我們預期可能的風險不會發生。例如：不採用過去不良供應商，就不會出現品質不好的原料而發生品質不良的狀況。不採用未經驗證的技術，就不會出現製作方式的疏失，而造成出貨延遲的狀況。在人員進入廠區前，嚴格檢查所攜帶的物品，以及將任何會製造火源的物品收納，以避免火災的發生。

## ☀轉嫁（Transfer）

將比較高風險的工作項目轉包由外部專業技術團隊承接，將此工作可能產生的狀況與風險，由承接的工作團隊來承擔，或者購買保險讓風險發生時有一定程度的保障。這在工作資源的探討中就可以事先做判斷與規劃。

## ☀減輕（Mitigate）

評估這個風險是我們自己能力可以負擔，並且透過方法與工具將可預期的損失降到最低。例如：量產前先做半成品測試，降低客戶變更造成的重製成本；在每個空間都設置煙霧偵測器，以及消防設備，在發生火警的時候，可以讓災害降到最低。

評估風險的目的在於「防範未然」，主管本身要有「憂患意識」之外，也要協助帶領部屬透過各項可能狀況的盤點，找到最適合的方法、管道，或工具來做因應方案的規劃，做最好的準備，迎接一切可能發生的未知。所謂「多一分準備，多一分保障，少一分損失」。

評估風險的目的在於「防範未然」，主管本身要有「憂患意識」之外，也要協助帶領部屬透過各項可能狀況的盤點，找到最適合的方法、管道，或工具來做因應方案的規劃，做最好的準備。

風險預防首先要列出工作過程中可能會出現的狀況，其次設定各種狀況的應對方式。

風險因應 ATM 法則包含：回避（Avoid）、轉嫁（Transfer）、減輕（Mitigate）。

# 落實工作計畫

有個故事是這樣的，一個媽媽問小孩說：「一個小池塘裡有五隻青蛙，有四個青蛙覺得空間擁擠，想要離開，請問現在池塘裡有幾隻青蛙？」

小孩不假思索說：「一隻！」

媽媽說：「不對喔！是五隻！」

小孩說：「不是有四隻要離開嗎？怎麼會是五隻？」

媽媽笑著說：「因為他們只是『想』而已，並沒有真正的離開啊！所以小池塘裡還是擠著五隻青蛙。」

這個故事是告訴我們，縱然有美好的理想，與萬全的計畫，沒有落實去執行，一切都只是空談而已。

要如何落實執行，最好的實踐方式就是「照表操課」。既然我們前面都做了這麼完整的目標設定，任務分配，以及要完成目標的工作展開、資源分配，並且預估了風險以及因應計畫。就如同魯夫與他所屬的草帽海賊團已經想好怎麼征

服世界，路線圖都畫好了，接下來就是照著計劃「出發」！

　　一般執行工作與做專案，很常會用到「甘特圖」，讓團隊成員可以一眼看出每個工作項目該啟動和完工的時間。甘特圖主要用來表示各個任務執行的時間，所以在製作圖表時要包含三個要素：工作項目、執行天數、起迄時間。其製作方式為：

## ▲列出所有工作要項

　　比方說：主管指示：「今年底前，完成○○系統上線運作。」

　　設計部要完成的工作項目是：系統規格設計、系統開發、系統測試、系統上線。

## ▲設定預計執行天數

　　針對各個工作項目，透過專案團隊共同討論評估，各工作完成所需要時間。

　　比方說，針對系統開發上線的時程預估：

　　系統規格設計 10 天、系統開發 30 天、系統測試與修正 10 天、系統驗收 5 天。

## ▲設定工作執行時間

在完成工作項目執行天數預估之後，接下來就將每個工作套用在行事曆中，設定每項工作的起迄時間。

比方說，針對系統開發上線的執行日期安排，系統規格設計 8/1-8/10、系統開發 8/11-9/09、系統測試與修正 9/10-9/19、系統驗收 9/20-9/24。（圖 3-5-1）

## ▲繪製工作甘特圖

實際的狀況是，工作時程照理說是依照上述的流程，由工作團隊自行評估每個工作項目所需要的時間，進行工作時間的安排。但是事實上是，很多工作都是被要求在確定的時

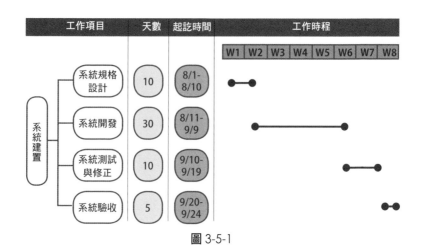

圖 3-5-1

間內完成，特別是那些臨時交辦的工作，或者是突發性的狀況要處理。

因此這時候工作時間的安排，就要由完成的日期（D-day），往前回推每個工作項目要完成的時間，然後盡其所能的在所規劃的時間內完成。

比方說，針對系統開發上線要在 8/31 完成評估上線，工作團隊必須想辦法在 30 天內完成所有的工作要項，因此其工作時程的安排可能為，系統規格設計 5 個天、系統開發 20 天、系統測試與修正 5 天（包含在系統開發的 20 天當中，邊做邊測試）、系統驗收 5 天。（圖 3-5-2）

落實執行的目的在於「將計畫變成結果」，主管本身要

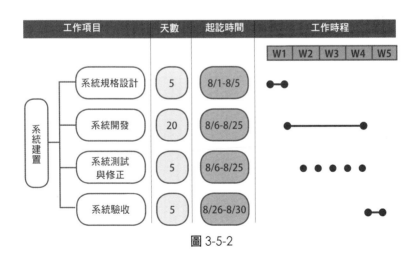

圖 3-5-2

有「時間管理」的觀念之外，也要協助部屬做好每個工作時間的有效安排，搭配工作優先順序的排列，讓所有的工作項目都能夠如期（時間）、如質（品質）、如預算的完成，這就是高效能的執行力。

縱然有美好的理想，與萬全的計畫，沒有落實去執行，一切都只是空談而已。落實執行最好的實踐方式就是「照表操課」。

一般執行工作與做專案，很常會用到「甘特圖」用來表示各個任務執行的時間，所以在製作圖表時要包含三個要素：工作項目、執行天數、起迄時間。

很多工作都是被要求在確定的時間內完成，因此工作時間的安排，就要由完成的日期（D-day），往前回推每個工作項目要完成的時間，然後盡其所能的在所規劃的時間內完成。

# 執行日常管理

　　即使我們事前做了很好的規劃與評估、事中也落實按表操課，但是為什麼還是會發生執行力不彰的狀況呢？發生執行力不彰有以下可能的原因：

● 計畫沒有進行後續的跟催與調整。

● 計畫變更頻繁，而且真的很煩。

● 主管本身搞不清楚狀況，或是很堅持自己的想法導致遲遲無法進行下一步。

　　針對上述影響執行力的因素，主管在日常管理可有以下做法：

## ▲計畫沒有進行後續的跟催與調整

　　很多主管認為工作計畫展開與任務交辦之後，執行就是部屬自己的事情了，加上主管自己本身也有主辦的工作，因此就疏於與部屬進行工作的跟催與確認，導致工作結果與預

期產生落差的情況。

因此，有效落實工作管理，可以透過 FAST 法則：

## ✳ Frequently discussed 工作要經常性的討論

主管雖然不需要時時刻刻去關心部屬目前執行的狀況，但是也要花時間與部屬討論工作的進度，以及過程中可能發生的狀況，以便能即時發現問題，即時解決。

主管隨時與部屬進行工作的討論，就能達到以下三個效果：彈性調整工作的優先順序，以及適當的資源分配。對於部屬的表現給予即時的反饋與指導。兼顧即時獎勵與工作進度的跟催與調整。

## ✳ Ambitious 大膽授權讓夥伴設定挑戰目標並執行

我們在前面「目標設定與任務交辦」的章節中有提到，主管為了培育部屬工作能力的提升，有時候必須承擔部屬可能犯錯的風險，只要主管安排資深同仁進行協助，以及做到前述的經常性討論，就能檢核部屬目前的工作狀態。

主管大膽授權，能達到以下三個效果：讓部屬有機會發揮能力、能引發部屬的潛在能力、在工作達成的過程中，部屬能夠獲得充實感、成就感，以及價值感。

## ✳ Specific 指令要明確

達到指令明確的方式就是達到 SMART 原則，也就是具體、量化、可達到、相關，以及有期限。而主管也必須做到：確實瞭解計畫內容，確實傳達計畫所要完成的任務目標。在

團隊討論出方向後，主管對於指令的下達要有決斷、並且對指令的內容要負責任。最後，對於團隊要深具信心，如此才能做到團隊執行一致性。

## ☀ Transparent 目標與執行要公開透明

計畫執行中最重要的就是主管與部屬之間的「狀況共有」，也就是資訊共有、問題共有、資源共有、成果共有。實務上的進行方式就是使用「看板管理」（表 3-6-1），將工作團隊目前所要完成的工作項目，與目前工作的進度，清楚明白的更新在看板之上。團隊成員為自己所負責的項目確認進度與品質，透過定期討論來解決工作進行中所發生的狀況。

| 待辦事項 | TOP需求（5） | 需求（3） | | 分析（3） | | 開發（3） | | 測試（3） | | 完成交付 |
|---|---|---|---|---|---|---|---|---|---|---|
| | | 執行 | 完成 | 執行 | 完成 | 執行 | 完成 | 執行 | 完成 | |

表 3-6-1

## ▲計畫變更頻繁，而且真的很煩

目前環境變化迅速，可能因為一個國際事件的發生，就牽動整個國際市場與需求的變化，最後影響產業的生態，以及企業的營運模式。所謂「唯一不變的，就是變」。

現在工作與專案流行「敏捷式」管理，「敏捷」並不是快速，其原文「Agility」的意思是「保持靈活的身段」，相較於過往的工作要恪遵「PDCA」的流程，也就是「規劃」完成之後才做「執行」，執行過程中發生問題來進行「檢核與調整」，執行完之後才做「評估」。好處是流程明確，缺點就是面對現在變化快速的工作環境，有時候工作全部規劃好，需求與條件已經產生了完全不同的變化，原本的工作思維與方式，已經無法符合現在的狀況。

因此除了平時做好「防範未然」的風險意識，每次工作計畫與執行的初期，都預先做好各項因應計畫的準備。還需要做好以下工作：

### ☀培養正向積極的態度

成功人士的七個習慣裡，第一個習慣是「主動積極」，其意思是遇到狀況、挫折與危機的時候，與其花很多時間抱怨自己無法改變的，不如花時間去想想「我可以怎麼做」。透過應變計畫的擬定，資源盤點與應用，總是會有解決的方法讓現況得以改善。

### ☀ 與工作關係人保持良好的溝通

隨時與本身工作相關的人，包括老闆、客戶、部屬、跨部門，以及外部單位，保持「三有」，也就是資訊共有、狀況共有，以及成果共有。如此就能在發生變化的當下，取得各方意見的整合，以利後續決策的參考。日本企業內部常使用「報連相」溝通模式，也就是「報告、連繫、相談」，目的也是透過階段性的與工作關係人，特別是上級主管，進行工作狀況的匯報，除了讓上級主管瞭解進度外，也能夠幫助上級主管瞭解問題，以及作為決策的參考。

### ☀ 定期工作進度報告

現在是敏捷工作的時代，敏捷的工作模式強調「階段性」交付，也就是將整個工作交付區分好幾個階段，每個階段都要與工作關係人進行溝通與確認，好處是可以即早發現問題，即早做解決與修正。因此，我們的工作報告要包含：任務內容、狀況說明、採取行動，以及結果後續。

**例 1**

●任務內容：月底運費結帳

●狀況說明：部分帳務錯誤

●採取行動：與貨運公司再次確認

●結果後續：調整與改正完成

**例 2**

- ●任務內容：樣品如期生產
- ●狀況說明：系統發生故障
- ●採取行動：與 IT 討論原因與改善但未能解決，改手動生產
- ●結果後續：趕上出貨交期

### ☀ 自我能力的提升

　　正因為計畫不如變化，所有新的知識與技能也不斷在翻新改版，身為現代職場工作者，也應該隨時提升自己的專業知識與技能。成功人士的七個習慣裡，第七個習慣是「不斷更新」，就是在提醒大家，當成功人士都不斷在追求成長時，我們也要隨時充實自己，培養未來解決問題創造高績效的能力。

## 🏔主管本身搞不清楚狀況，
### 或是很堅持自己的想法導致遲遲無法進行下一步

　　我們的主管也是人，他們和我們一樣要面對他們的上級主管，可能就是老闆，也有其困境與狀況，因此我們要試著「換位思考」，我們要怎麼做，可以協助主管提出好的對策與方法。以下有幾個做法可供參考：

### ☀當主管很有主見時

當我們表達專業的想法，但主管仍然非常堅持其想法時，我們就採用主管的方式來進行，不管產生的結果是好還是壞，總之要讓主管看到成果，或許下一次就有改善的空間。

### ☀當主管沒有想法時

當主管真的沒有什麼想法的時候，我們就提出三個版本的方案，並且說明各方案的利弊，讓主管有所選擇。

### ☀當主管有想法不願說時

當主管可能心中有想法，但是不明說的時候，我們可以提出三個版本的方案讓主管來推翻，然後讓主管告訴我們他心中真正的想法是什麼。

發生執行力不彰有以下可能的原因：計畫沒有進行後續的跟催與調整、計畫變更頻繁，而且真的很煩、主管本身搞不清楚狀況，或是很堅持自己的想法導致遲遲無法進行下一步。

針對計畫沒有進行後續的跟催與調整，可以透過 FAST 法則：工作要經常性的討論、大膽授權讓夥伴設定挑戰目標並執行、指令要明確、目標與執行要公開透明。

針對計畫變更頻繁，而且真的很煩，可以做的是：培養正向積極的態度、與工作關係人保持良好的溝通、定期工作進度報告、自我能力的提升。

針對主管本身搞不清楚狀況，或很堅持自己的想法導致遲遲無法進行下一步，可以做的是：當主管很有主見時，我們就採用主管的方式來進行。當主管沒有想法時：我們就提出三個版本的方案，並且說明各方案的利弊，讓主管有所選擇。當主管有想法不願說時，我們可以提出三個版本的方案讓主管來推翻，然後讓主管告訴我們他心中真正的想法是什麼。

# Chapter 4

# 問題分析與工作改善

一個勝利的決策，
來自於 90% 的資訊加之 10% 的直覺。

美國企業家 SM 沃爾森

## 4-1

# 問題分析的邏輯思維

　　身為主管除了要會目標設定與工作計畫外，執行中的狀況排除，是我們日常管理中最常發生的狀態，當計畫不如變化，或者需要面對狀況進行決策時，這真是讓人最燒腦又心驚膽戰的時刻。因此提出有效決策就是身為主管很重要的能力。而這些能力倚靠的就是 90% 現場資訊的蒐集，並且透過分析與探討，所累積而成的。

個案研討

## Angel 與 Jackie 的對話 1

　　這天一大早，Angel 愁眉苦臉對著電腦螢幕，Angel 的同事 Jackie 剛好路過，於是上前好奇的問說

Jackie：Angel 早安，今天好嗎？

Angel：當然不好啊，上周的產品發表會來的人好少，營業額也不多，真的讓人煩惱啊！

Jackie：發生了什麼事嗎？

Angel：就是很少人來啊！重點是營業額也好少！我明明該做的都有做了，怎麼會這樣！

Angel 的案例是不是讓你有點感同身受？我們工作中常會出現大大小小的問題，這都是很正常的。不過對業務行銷人員來說，活動很少人來是個問題，在思考解決方法之前，要先能清楚地定義什麼是問題。

想像尋寶船在海上行駛著，途中遇到一座大冰山，船上的人遠遠看到海中的冰山，冰山對尋寶船來說是個問題嗎？你可能會說，海平面那麼大，我們的船又不會去撞到冰山，它對我們怎麼會是個問題，冰山的存在只是一個「現象」而已，我們根本不需要在意它。

但是如果原本不應該有冰山的存在，而且還是出現在我們必經的航道上，它的存在可能會帶給我們影響，造成我們航行的不便，那冰山的存在對我們來說就是個「問題」。

如果只是單純講一個營業數字、產能，或者品質良率，而沒有其他訊息描述，充其量，他只是一個「現象」而已。比方說上半年業績達到 300 萬美金、這個月產能為 1000 台、每週品質良率是 80%。

以上的說明還不夠具體讓我們知道這個「現象」到底怎麼回事，以致會是個「問題」？如同案例中 Angel 描述的「很少人」「營業額很少」，到底是多少人、多少營業額才算少？少就是個問題嗎？因此就必須做進一步釐清。

個案研討

## Angel 與 Jackie 的對話 2

　　Jackie：你剛剛說上週舉辦的產品說明會很少人來，那是多少人？

　　Angel：我剛剛的統計是只有 40 個人啊！

　　Jackie：為什麼你覺得 40 個人很少？ 不然你預期是要多少人來才會合理呢？

　　Angel：我原先提出的計畫書是預估有 200 個人來，但是實際上只有 40 個人來啊！

　　Jackie：哇！那樣差距真的很大啊！那麼除了人很少之外，還有什麼狀況呢？

　　Angel：客戶來得少，自然現場成交金額就少，原先目標設定 3000 萬美金，結果只有 200 萬元美金。

　　Jackie：成交金額與預期的相差甚遠，果然是個大問題啊！

## ▲問題發生的時機

工作上問題的產生，來自於以下幾種狀況：

### ☀ 現況與目標差距過大

當現況與預訂目標的差距過大，就會產生問題，比方說，上半年的業績目標是 500 萬美金、本月產能目標 2000 台、品質良率要維持在 95%，而實際結果是上半年業績達成 300 萬美金、本月產能達到 1000 台、品質良率在 90%，這些結果都與預期目標產生很大的差距，且這個差距會造成部門績效，以及企業目標的無法達成，因此是個要深入分析原因的「問題」。

### ☀ 進度無法如期完成

當任務無法如期完成，也會產生問題，例如原定要 1 月 2 日要進行產品交付，但是實際卻拖到 3 月 6 日才完成整批交付。這種進度嚴重落後的現象，也是一個問題。

### ☀ 無法控制或維持

有些狀況發生後，無法靠一個人或少數人能夠掌握與控制，問題就會爆發，這類的狀況大多和市場環境的變化，或者政府法令的規範等有關。比如 2020 年因為全球疫情影響，使產業供應鏈大亂。而在家上班（Work from home）模式的改變，也影響企業運作生態。

## ▲問題解決無效的現象

根據我多年輔導與培訓的經驗，發現企業內部問題解決無效的現象有以下七種：

### ①問題的定義並不明確

常常在雞同鴨講，你所描述的狀況跟我所認知的狀況並沒有一致，也並沒有做進一步釐清，因此產生的落差。

比方說：主管對小明說：「你今天上班遲到了！」

小明的認知：我沒有按照公司的出勤規定，對不起！

主管的認知：你遲到了，來不及準備資料和客戶開會。

主管與小明對遲到這個問題的定義不同，其問題發生的後果也不同。如果沒有做進一步釐清，就無法解決主管真正在意的問題：準備資料和客戶開會。

### ②無憑無據，先入為主

這在工作職場很常見的問題，有時候「官大學問大」，或者「自我意識過高」都會產生這樣的迷思，問題應該是要有證據，或者是經過驗證的，而不是隨便說說的，即使我們有十足的把握，也是要有證據。

比方說：主管對小明說：「你今天上班遲到了！」、「你一定是因為睡過頭，又晚出門，所以才會遲到」（雖然小明真的很常睡過頭）

事實上是小明在路上遇到交通事故所以延遲。（所以小明應該在遇到此狀況的當下，打電話或者發訊息向主管告知目前發生的狀況，以避免造成後續的誤解）

### ③個人解決問題的習慣

很多人在遇到狀況，就直接針對所看到的「現象」去處理，沒有去了解現象背後的「問題」，並且找到能夠杜絕未來問題重複發生的方法。

比方說：主管對小明說：「你今天上班遲到了！」小明說：「我明天會早點出門！」

事實上，小明之所以遲到，是因為昨天晚睡造成早上晚起，加上又沒有鬧鐘提醒，所以要求自己早點睡，並且要設定鬧鐘，就可以避免睡過頭而晚出門的狀況。

### ④並沒有確定有效的流程跟步驟

東一個問題解決，西一個問題解決，因此並沒有辦法達到徹底解決問題的結果

比方說，小明首先要了解遲到的影響，針對遲到的狀況分析造成的原因，找到遲到的最主要原因，進行改善對策與行動計畫。

### ⑤沒有清楚的改善目標跟行動計劃

雖然有改善的方式，但是沒有具體的目標設定與行動計畫，也會讓改善的行動沒有方向而無疾而終。

比方說，小明為了改善睡過頭而遲到的狀況，從現在開始一個月，小明設定每天都要 11 點上床睡覺，並且把五個鬧鐘放在家裡不同位置，分別從 06:00 開始，每 5 分鐘提醒一次，養成早起習慣的目標。

### ⑥在意見上沒有辦法做有效地整合

當問題涉及到跨部門的時候，沒有辦法考慮到其他人的觀點並且去做有效的整合，也會造成解決問題的效果不彰。

比方說，小明遲到這件事，影響的不只是個人的作息，也影響家庭、工作，因此針對家人與工作夥伴給予的建議，都是改善這個問題的參考，要落實在改善行動計畫當中。

### ⑦忽略追蹤改善的成效與後續發展

是否如我們所預期的狀況，有沒有繼續發生問題

比方說，小明遲到的改善計畫，後續要追蹤這一個月內是否還有遲到的狀況以及一個月後是否養成良好的生活習慣。

以上這些就是我們在職場問題發生解決的過程當中常見的狀況。你的工作現場中，符合了幾個呢？（表 4-1-1）

| | |
|---|---|
| ☐ | 問題的定義並不明確 |
| ☐ | 無憑無據，先入為主 |
| ☐ | 個人解決問題的習慣 |
| ☐ | 並沒有確定有效的流程跟步驟 |
| ☐ | 沒有清楚的改善目標跟行動計劃 |
| ☐ | 在意見上沒有辦法做有效地整合 |
| ☐ | 忽略追蹤改善的成效與後續發展 |

表 4-1-1

表 4-1-1 如果勾選三個以下，恭喜你，對問題處理的過程相當熟悉。如果勾選比較多也沒關係，本章節就是為了協助你了解如何有效解決問題的方法

接下來，我們將透過「問題分析與改善邏輯思維」來逐步說明主管在期中工作管理遇到問題時的思考邏輯，並能夠針對管理問題提出有效的改善對策，以利目標的達成。其包含了：

狀況分析：瞭解現況與目標之間的差異，瞭解現在發生了什麼事。

問題分析：透過系統性工具進一步瞭解，為什麼會發生。

決策分析：透過系統性工具評估可行決策，並設定改善目標。

工作上問題的產生，來自於以下幾種狀況：現況與目標差距過大、進度無法如期完成、無法控制或維持。

問題解決無效的現象有以下七種：問題的定義並不明確、無憑無據，先入為主、個人解決問題的習慣、並沒有確定有效的流程跟步驟、沒有清楚的改善目標跟行動計劃、在意見上沒有辦法做有效地整合、忽略追蹤改善的成效與後續發展。

問題分析與改善邏輯思維包含：狀況分析、問題分析、決策分析。

# 狀況分析：釐清發生狀況

個案研討

## 急 Angel 與 Jackie 的對話 3

Jackie：你剛剛說你上週辦的產品說明會很少人來，客戶還抱怨說舉辦的地點交通不方便、根本不知道有這個活動、怎麼舉辦在這個時間？

Angel：對啊！這樣說不是很詳細嗎？

Jackie：如果你這樣說，並不能把你遇到的狀況描述得很清楚。

Angel：怎麼會呢？

Jackie：因為這些訊息太多，如果沒有清楚分類說明，無法馬上弄清楚你想要表達的狀況。

為了進一步瞭解目前所發生的問題細節，有助於後續解決問題、向上報告，或者跨部門溝通的時候能夠說清楚、講

明白，我們可以透過問題的描述、問題的影響性，以及問題的可控度三個層面進行探討。

## ▲問題該怎麼描述

好的問題描述可以幫助自己、主管，或者跨部門溝通時，暸解發現問題點。

我們通常使用 5W2H 來描述問題：

● WHY：為什麼要這樣做？理由？原因？

● WHAT：做什麼？什麼事情出現問題？

● WHEN：什麼時候發生？發生時機？

● WHERE：在什麼地方發生？地點與位置？

● WHO：是誰？與誰有關？對象與執行者？

● HOW：如何發生的？發生的形式？

● HOW MANY/MUCH：發生的次數？數量或程度？

從案例中，Angel 說「活動只有 40 人來」，從這句話當中，只能知道 WHAT，就是舉辦產品說明會這件事。WHO 是 Angel。HOW MANY 就是只有來 40 人。針對其他的背景狀況，並不是很完整，這在不暸解其工作背景的人來說，可能不能馬上知道其要表達的問題是什麼。

5W2H 的問題描述可以是這樣：

7/1（四）老闆交代，為了增進客戶對我們產品的了解並促進下單來提升營業額。請 Angel 在 7/7（三）、7/8（四）、7/9（五）三天在台北市郊私人會館舉辦新產品說明會，預計邀請 200 位客戶參加，目標營業額 3,000 萬美金。但是統計這三天實際參與的人數只有 40 人，成交營業額為 200 萬美金。

從上面的敘述，我們大概就可以看出一些問題點，比方說 7/1 被交辦，7/7 就要舉辦產品說明會，只有六天的工作時間，是否因為時間過於倉促，造成細節上的疏忽，導致後續的結果？

產品說明會的地點為什麼不是選在交通便利的市中心，而是在交通不是很便利的郊區？

在活動的邀約與設計上做了些什麼？沒做到什麼？或過程發生了什麼？導致客戶參與的人數過少？

所以，好的問題描述，有助於瞭解到底「哪裡有問題？」。

個案研討

**Angel 與 Jackie 的對話 4**

Angel：辦這個好困難喔！下次我是不是預估人數寫少一點，就比較容易達成？

Jackie：哪有人把預期目標往下修正的，況且你覺得老闆會同意嗎？

Angel：但我也沒有把握下次可以達到預估的人數啊！

Jackie：我們可以先想想，如果下次說明會參加人數還是很少人來，會造成什麼影響。

Angel：這個嘛！老闆當然第一個就不開心，他不開心我就慘啦！而且當天一看到來的人這麼少，我當下就覺得很挫折呢！最後，這活動涉及我們部門的績效，這下子我的壓力可大了！

## ▲找出問題的影響性

根據表 4-2-1，您覺得本案例辦活動很少人來的「問題」發生，會有什麼影響？（複選題）

| | |
|---|---|
| | 部門績效不好 |
| | 主管不開心 |
| | 活動現場氣氛低落 |
| | 自己很挫折。 |

表 4-2-1

答案是，以上皆是。

為什麼要分析問題的影響性？影響性分析是為了幫助自己與主管理解：這個問題很重要嗎？有需要花時間解決嗎？這和之前提到工作的優先順序排列的概念一樣，影響性愈高的，愈要優先處理，影響性愈低，可以排在後面處理。

以「產品說明會只有40人參加，營業額只有200萬美金」的狀況，其問題的影響性？我們可以從（表4-2-2）三個層面來分析，影響程度高，問題就有解決的必要。

| 受影響單位 | 影響程度 |
|---|---|
| 人 | 高<br>（自己當下很挫折／主管不開心，對自己能力考評不佳） |
| 流程 | 高<br>（可能需要再舉辦一次，花費更多費用、時間，以及人力資源） |
| 組織 | 高<br>（此活動是部門重點工作項目，客戶下單量影響部門營業目標的達成率） |

表 4-2-2

## Angel 與 Jackie 的對話 5

　　Jackie：另外，有沒有可能透過一些方式，可以讓參加人數更多一點呢？

　　Angel：這我不知道耶，可能要再想一想。

　　Jackie：對啊！沒有仔細想過，怎麼可以就這樣放棄了呢？

## ▲問題的可控度分析

　　可控度分析是為了幫助理解解決這個問題的難易程度。有助於後續決策的制定與改善。

　　根據表 4-2-3，您覺得本案例辦活動很少人來的問題可以透過人為控制嗎？？（單選題）

| | |
|---|---|
| | 可以。 |
| | 不可以。 |
| | 不一定，要視來的人數而定。 |

表 4-2-3

答案是可以的，只要找到問題發生的原因，就能透過事前的準備，以及事中的處理，降低這樣的狀況發生。

可控度我們可以分成三個層面來分析

### ①完全可控
自己可以解決的問題。比方說，太晚出門前往會場，結果人多又塞車，那麼只要早起早出門就可以解決。

### ②部份可控
必須透過自己與他人共同解決的問題。會場中有許多工作不熟悉，只要詢問有經驗的同仁，或透過跨部門分工會議來解決。

### ③完全不可控
即使透過自己或他人都無法解決的問題。遇到天災如疫情的狀態，致使工作無法順利地進行，也只能靜觀其變。

以「產品說明會只有40人參加」的問題為例，其可控程度為：部份可控。可以和有經驗的同仁請教，或透過跨部門溝通來改善與完成本項工作。

狀況分析分為問題描述、影響性分析，以及可控度分析，我們總結 Angel 這個案例可以將完整的狀況分析整理如下（表4-2-4）：

| 遇到的現象 | 產品說明會活動來的人很少。 |
|---|---|
| 問題描述 | 7/1（四）主管交代，為了增進客戶對我們產品的了解並促進下單來提升營業額。<br>我們在 7/7（三）、7/8（四）、7/9（五）三天在台北市郊私人會館舉辦新產品說明會，預計邀請 200 位客戶參加，目標營業額 3,000 萬美金。<br>但是統計這三天實際參與的人數只有 40 人，總計成交營業額 200 萬美金。 |
| 影響性 | 自己會有挫折感，未來還會發生。<br>主管會不開心，對自己能力與考評會受影響。<br>對部門績效不好，影響部門營業目標的達成。 |
| 可控度 | 部份可控。<br>可以和有經驗的同仁請教，或透過跨部門溝通來改善與完成本項工作。 |

表 4-2-4

## ■狀況分析後的處理原則

當我們在工作中面對問題的時候，針對影響度高，又可以參考過去經驗解決的，就可以馬上進行決策與執行。對於影響度高，卻無法參考過去經驗來解決的，在我們自己可控

的部分進行問題分析與決策。自己不可控的部分，立即向上
呈報尋求裁示與指導。（圖 4-2-4）

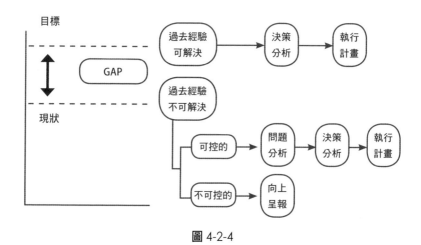

圖 4-2-4

好的問題描述可以幫助自己、主管,或者跨部門溝通時,瞭解發現什麼狀況。

使用 5W2H 來描述問題,有助於瞭解到底哪裡有問題。

影響性分析是為了幫助自己與主管釐清:這個問題很重要嗎?有需要花時間解決嗎?影響性愈高的,愈要優先處理,影響性愈低,可以排在後面處理。

可控度分析是為了幫助理解解決這個問題的難易程度。有助於後續決策的制定與改善。

當我們在工作面對問題的時候,針對影響度高,又可以參考過去經驗解決的,就可以馬上進行決策與執行。對於影響度高,又無法參考過去經驗來解決的,在我們自己可控的部分進行問題分析與決策。自己不可控的部分,立即向上呈報尋求裁示與指導。

# 問題分析：找到根本的原因

在完成定義問題與狀況分析之後，我們就可以進入問題分析階段，在此階段我們試著找出問題的發生原因，這也是我們這個單元「問題分析」的重點。

「Angel 產品說明會很少人來，營業額不高」案例，根據表 4-3-1 您覺得產品說明會很少人來的「可能原因」有哪些？（複選題）

|  | 贈品不好 |
|---|---|
|  | 沒有推廣 |
|  | 地點不好 |
|  | 時間不對 |

表 4-3-1

答案是以上皆是。

在問題分析階段，要盡所能的腦力激盪，找出問題的表面以及背後所有可能的原因，然後再從這些可能的原因中去驗證哪些是真正造成問題發生的主要原因。

如果沒有經過這個思考的過程，會有什麼結果呢？

主觀猜測：活動不應該選在旺季進行。

下次活動結束：奇怪，明明避開旺季，怎麼還是這麼少人來？

這就犯了我們前面所提到「問題解決無效的原因中的」：「無憑無據，先入為主」的狀況，雖然在旺季舉辦活動，有可能因為太多類似的活動，會造成客戶群被稀釋，以致於前來產品說明會的人數變少。但是否還有其他可能原因，是即使不在旺季舉辦，也會發生很少人來的可能原因呢？比方說宣傳不夠、地點選擇不佳、相關連繫事項不確實等，也都可能降低客戶前來參加的意願。

如果不經過這樣的腦力激盪，只憑猜測就做決定。就如同尋寶船看到冰山以為只要輕輕轉個彎就能避開，最後因為沒有看到海面下的冰山，結果還是落得沉船下場。

主管在此過程中要引導部屬遇到問題，要學習多想想，影響問題發生的可能原因，而不要只見樹不見林的憑猜測做決定。

比方說：現象：活動很少人來

可能的原因有：時間／地點選擇不佳、事前宣傳與通知不夠、贈品不具吸引力等。

再進一步探究可能會發現：主管臨時交辦、預算有限。

因此多一些探討，會發現更多的原因，有的可能是表象的原因，有的可能是根本的原因。解決表象的原因，只能是治標，暫時性的解除目前問題的狀態，但是下一次還是有可能發生相同的狀況；解決根本的原因，就能治本，能夠預防下一次發生相同的狀況。

比方說，本次活動很少人來，主要根本的原因來自主管臨時交辦，由於沒有足夠的預算，因此只能找到符合預算的場地，加上時間有限，沒有辦法做足夠的宣傳，導致客戶無法即早安排行程前來參加，而在時間、預算，以及人力的限制下也造成事前準備的不充分，最終造成本次活動的效果無法彰顯。（表 4-3-2）

| 項目 | 內容 |
|---|---|
| 表象原因 | 時間 / 地點選擇不佳<br>事前宣傳與通知不夠<br>贈品不好 |
| 根本原因 | 主管臨時交辦<br>預算有限<br>活動地點偏遠 |

表 4-3-2

## ■問題分析的方法

要怎樣能夠探究冰山下的可能原因呢？我們可以借用以下兩個常見的分析工具：

### ①五個為什麼（5 WHYs）

主要作法就是一直問「為什麼？」，當你得到第一個答案後，再繼續從這個答案中找出問題點繼續往下問「為什麼？」，直到真正的原因出現為止。一般通常要求往下問到第五層，因此稱為五個為什麼（5 WHYs）。

首先確認問題，清楚描述目前現象。討論為什麼會有目前這結果。得到原因後，接下去探尋為什麼會有這原因存在。得到原因，再往下追問，為什麼會有這原因存在。不停往下追問，直至得到最終原因為止。

## ☀使用範例

●狀況描述：客戶的汽車在我們服務廠完成Ａ５定期保養後，發生無法啟動的狀況。（表 4-3-3）

| 層次 | 提問 | 可能的答案 |
|------|------|-----------|
| 第一層 | 為什麼汽車無法啟動？ | 經查發現是機油漏油 |
| 第二層 | 為什麼會發生機油漏油？ | 保養時施工的師傅沒有將機油栓拴緊 |
| 第三層 | 為什麼保養師傅沒有將機油栓拴緊？ | 保養時沒有按照 SOP 進行確認 |
| 第四層 | 為什麼保養時沒有按照 SOP 進行確認 | 因為師傅剛進公司，知識技術還不夠純熟 |
| 第五層 | 公司不是都有教育訓練，為什麼知識技術會不純熟 | 因為訓練完之後，並沒有落實訓練的檢核與確認 |

表 4-3-3

從上述的範例可以知道，透過五個為什麼的問答，有以下的好處：

●可以幫助工作團隊練習「舉一反五」的思考，而不會僅限於一個問題只有一個原因。

●可以幫助工作團隊釐清問題發生的原因，以及背後可能的原因。

- 對於同樣的問題，同樣採用此方法，不同的人會得出不同的原因結果，也有助於工作團隊有更多面向的看見。
- 可以建立每個可能原因與結果之間的因果關係。
- 可以看出哪些是表象的原因（保養師傅沒有將機油栓拴緊），哪些是根本的原因（沒有落實訓練的檢核與確認）

當然，五個為什麼的分析法也有其限制，比方說

- 可能因為私心而讓問題只停留在表面症狀的提問上，而不能探討到更深層的根本原因。
- 無法發想到本身現有的知識、經驗以外的原因。
- 可能因為成員的同質性太高，因此會朝同一面向思考，而無法看到更多可能性。

## ②問題型魚骨圖

問題型魚骨圖是一種發現問題「根本原因」的方法，也可以稱之為「因果關係圖」，通常透過腦力激盪法進行。製作時，魚頭向右，並簡潔地敘述問題，之後再找出形成這些問題的大原因，導致這些大原因的中原因，接著再深入探討小原因。有助於瞭解各個工作環節與條件之間的關係。

## ☀ 使用範例

●狀況描述：經常性發生客戶對於產品與服務的抱怨。

透過大家討論發現有幾個可能的原因，包括客服人員服務不佳、產品品質不良、消費者操作不對、產品資訊不明。

針對「服務不佳」這個大原因，在進入分析發現，客服人員在回應客戶時的態度不好、對於產品的知識不足，以致無法回應客戶的問題，以及對於客戶的需求或疑問回應過慢，造成客戶對我們服務的觀感不佳。

最後再針對回應過慢這個問題，再往下分析，發現除了新進客服人員在面對客戶的問題，因為內心緊張所以無法快速反應，另外目前的問題處理與回應的流程過於冗長且沒有建置標準作業流程，因此是造成回應過慢的原因。

我們將上述問題分析的流程畫成以下的圖形（圖 4-3-4），方便視覺化的理解。

從上述的範例可以知道，透過問題型魚骨圖的分析，有以下的好處：

●簡潔實用，層次分明，條理清楚。

●關注因果分析，說明各個原因之間的相互影響。

●鼓勵團隊參與，運用集體智慧。

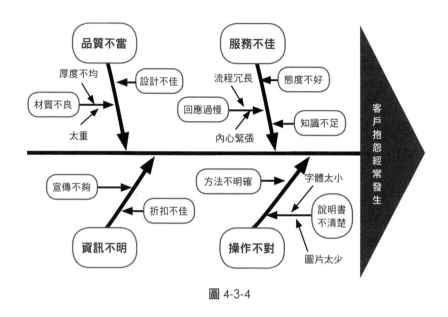

圖 4-3-4

當然，魚骨圖的分析法也有其限制，比方說

●無法發想到本身現有的知識、經驗以外的原因。

●對於因果關係複雜性高的問題效用不大。

「五個為什麼」法，或者是「魚骨圖」法，其目的都希望能夠透過舉一反三，試想各種可能發生的原因，而不要拘限於單一可能性，如此才能透過逐一驗證，找到問題真正發生的根本原因。

如果沒有經過問題分析的思考過程，只憑猜測就做決定。就如同尋寶船看到冰山以為只要輕輕轉個彎就能避開，最後因為沒有看到海面下的冰山，結果還是落得沉船下場。

五個為什麼（5 WHYs）可以幫助工作團隊練習「舉一反五」的思考，釐清問題發生的原因，以及背後可能的原因。但是也可能因為成員的同質性太高，而無法看到更多可能性，以及無法發想到本身現有的知識、經驗以外的原因。

問題型魚骨圖的分析簡潔實用，層次分明，條理清楚，關注因果分析，說明各個原因之間的相互影響，其限制就是對於因果關係複雜性高的問題效用不大。

# 決策分析：評估可行對策

當我們運用問題分析的工具找出問題的根本原因後，接下來可以進行決策分析與行動計畫制定。找出解決方案，是為了移除造成問題的原因，達到我們設定的改善目標。

就如同尋寶船的船長，看到前方有冰山，也會想該怎麼做才能排除障礙。而這些方法，都是為了解決問題。（圖4-4-1）

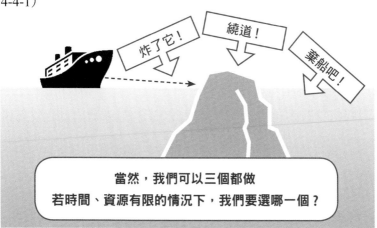

當然，我們可以三個都做
若時間、資源有限的情況下，我們要選哪一個？

圖 4-4-1

## ■ 主管的任務

協助部屬評估當下可行決策與未來改善對策，並找到最適當的方案。

## ■ 決策區分

決定當下要做的事，以及未來要做的事。針對「Angel 舉辦產品說明會很少人來」的案例，我們透過腦力激盪，找出了問題的根本原因。接下來就要來想一想，如果是當下要怎麼處理，以及未來可以怎麼做得更好。

## ■ 問題的描述

7/1（四）老闆交代，為了增進客戶對我們產品的了解並促進下單來提升營業額。我們在 7/7（三）、7/8（四）、7/9（五）三天在台北市郊私人會館舉辦新產品說明會，預計邀請 200 位客戶參加，目標營業額 3,000 萬美金。

## ■ 根本原因

主管臨時交辦、預算有限、活動地點偏遠。

### ☀ 主管臨時交辦

● 當下可以做的事情

請示主管安排手上其他進行中工作，讓自己有更多時間處理活動規劃與執行。請示主管安排工作協辦人員組成工作團隊，分工合作，完成產品說明會。積極聯繫客戶，協調出席參加意願。

由於前面狀況分析我們有提到，產品說明會的影響性不只是和個人與主管有高度影響，其結果也涉及到部門的績效，因此要在短時間內做出具體的成效，一定要請主管協助安排工作與調動必要的資源，方能解決目前手上有眾多事情又必須完成重要急迫專案的狀態。而主動積極又有誠意的和客戶聯繫與說明，可以增加客戶前來參與的意願。

● 未來可以做得更好

年度初確認是否舉辦相關活動，或者相關專案啟動時預先規畫預算與團隊分工。（表 4-4-2）

產品說明會的成果，通常與其他重要績效有關，比方說：營業額、品牌知名度、客戶關係等，因此在年初目標設定時，就應該先行討論與規劃；或者是在新產品設計專案啟動時，專案團隊就應該預想後續行銷推廣的方案，以避免臨時抱佛腳，又不能達到預期的成效。

| 根本原因 | 當下可以做的事 | 未來可以做得更好 |
|---|---|---|
| 主管臨時交辦 | 請示主管安排其他工作，讓自己有更多時間處理活動規劃與執行<br>請示主管安排工作協辦人員組成工作團隊，分工合作<br>積極聯繫客戶，協調出席參加意願 | 年度初確認是否舉辦相關活動，或者相關專案啟動時預先規畫預算與團隊分工。 |

表 4-4-2

## ☀ 預算有限

●當下可以做的事情

詢問有經驗的同仁與主管。透過跨部門溝通尋求資源與協助。上網找尋資料。外部相關產業朋友的諮詢協助，透過內部與外部資源的協助完成本次任務。

●未來可以做得更好

確認活動舉辦目標與效益。確認最重要要完成的工作。分配資源在最重要的工作上。尋求跨部門團隊的分工與合作。

我們日常很多工作都會面臨「預算有限」，或者「資源有限」的情況，要完成被交辦的任務，在此狀況下，主管要協助部屬盤點現有的資源，以及可以向外尋求「借力使力」的可用資源以利工作任務的達成。（表 4-4-3）

| 根本原因 | 當下可以做的事 | 未來可以做得更好 |
|---|---|---|
| 預算有限 | 詢問有經驗的同仁與主管<br>透過跨部門溝通尋求資源與協助<br>上網找尋資料<br>外部相關產業朋友的諮詢協助 | 確認活動舉辦目標與效益<br>確認最重要要完成的工作<br>分配資源在最重要的工作之上<br>尋求跨部門團隊的分工與合作 |

表 4-4-3

### ☀ 偏遠的活動場地

● 當下可以做的事情

提供接駁車，由專人安排接送事宜。請客戶自行搭車前往，由公司補助交通費用。提供詳細交通路線圖，使客戶瞭解如何前往會場。

● 未來可以做得更好

選擇國外客戶方便到達地點。安排國外客戶住宿在會場或附近。提供國內客戶接駁車與交通補助。（表 4-4-4）

| 根本原因 | 當下可以做的事 | 未來可以做得更好 |
|---|---|---|
| 偏遠的活動場地 | 提供接駁車，由專人安排接送事宜<br>請客戶自行搭車前往，由公司補助交通費用<br>提供詳細交通路線圖，使客戶瞭解如何前往會場 | 選擇國外客戶方便到達地點<br>安排國外客戶住宿在會場或附近 |

表 4-4-4

這個部分也是考驗我們日常工作的「應變能力」，若是沒有辦法改變既定的事實，那麼我們可以做什麼，來降低因為活動場地偏遠造成的影響，因此提出任何可以解除「客戶不方便抵達現場」的問題，也可以提升客戶參與意願，以及降低因為不瞭解抵達會場方式而延誤參與說明會的時間。

## ■決策制定的方法

### ☀五個為什麼（5 WHYs）

●狀況描述：客戶的汽車在我們服務廠完成Ａ５定期保養後，發生無法啟動的狀況。

透過五個為什麼的問題分析與每個問題的決策制定，我們可以得到以下結論，如（表 4-4-5）

為了解決「客戶的汽車在我們服務廠完成Ａ５定期保養後，發生無法啟動」的狀況。

●當下可以做的事情

檢查漏油原因，並且補充機油。結束時再次確認所有施工點是否已經完成。除了自我檢驗外，也由組長或輔導員確認是否確實完成。

●未來可以做得更好

定期實施教育訓練與技能檢驗測試。制定保養流程，加

| 層次 | 提問 | 可能的答案 | 解決方案 |
|------|------|-----------|---------|
| 第一層 | 為什麼汽車無法啟動？ | 經查發現是機油漏油 | 檢查漏油原因，並且補充機油。 |
| 第二層 | 為什麼會發生機油漏油？ | 保養時施工的師傅沒有將機油栓拴緊 | 保養結束時再次確認所有施工點是否已經完成。 |
| 第三層 | 為什麼保養師傅沒有將機油栓拴緊？ | 保養時沒有按照SOP進行確認 | 保養結束時除了自我檢驗外，也由組長或輔導員確認是否確實完成。 |
| 第四層 | 為什麼保養時沒有按照SOP進行確認 | 因為師傅剛進公司，知識技術還不夠純熟 | 定期實施教育訓練與技能測試。 |
| 第五層 | 公司不是都有教育訓練，為什麼知識技術會不純熟 | 因為訓練完之後，並沒有落實訓練的檢核與確認 | 加強人員技能測試與檢定。 |

表 4-4-5

| 狀況描述 | 當下可以做的事 | 未來可以做得更好 |
|---------|---------------|----------------|
| 客戶的汽車在我們服務廠完成A5定期保養後，發生無法啟動 | 檢查漏油原因，並且補充機油。結束時再次確認所有施工點是否已經完成。除了自我檢驗外，也由組長或輔導員確認是否確實完成。 | 定期實施教育訓練與技能檢驗測試。制定保養流程，加入檢核項目。 |

表 4-4-6

入檢核項目。（表 4-4-6）

### ☀ 決策型魚骨圖

　　魚骨圖除了分析問題之外，也能夠制定決策，它規定魚頭向右是用來找問題原因，魚頭向左是用來找方法對策，實務上是：分析一個事件，在找原因之後要進行對策推演。也就是說會有二個魚骨圖產生出來，才是完整分析工作。

　　決策型魚骨圖製作時，魚頭向左，之後針對問題的小原因提出解決方案，並為中原因與大原因制定決策名稱。

　　●使用範例：針對客戶抱怨增加的狀況，提出降低客戶抱怨客訴的解決方案（圖 4-4-7、圖 4-4-8）

　　內容包括對於「服務不佳」的原因層面提出「專業訓練」解決員工知識不足，以及態度不好的原因；另外針對服務回饋流程的部分，進行優化與修改，以解決目前客服人員回應過慢的狀況。

　　對於「品質不當」的原因層面提出「更換使用材質」、「更改設計方式」、「修正厚度」以解決材質不良、設計不佳的問題。

　　針對「資訊不明」的原因層面提出「A +B 促銷方案」以及「網路宣傳ＥＤＭ」，以解決「折扣不佳」、「宣傳不夠」的問題。

　　針對「操作不對」的原因層面提出「明確操作步驟」，

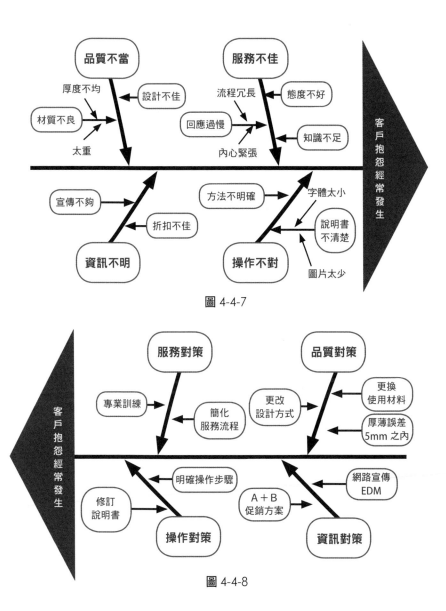

圖 4-4-7

圖 4-4-8

以及「修訂說明書」，以解決「方法不明確」、「說明書不清楚」的問題。

●決策型的魚骨圖包含問題型魚骨圖的優點：

簡潔實用，層次分明，條理清楚。

因為有問題型魚骨圖對照，使決策與各個原因之間具有相互關係。

鼓勵團隊參與，運用集體智慧。

雖然也有其限制，包括：

無法發想到本身現有的知識、經驗以外的決策。

對於複雜性高的問題不見得能做有效的決策。

但是，決策型魚骨圖對於當下問題的解決，是一個快速有效的決策分析模式。


## ▲選擇最適當的決策

前面我們針對目前發生的的狀況有了「當下可以做的」，以及「未來可以更好的」決策，但是時間、空間、資源有限的情況下，我們怎麼選擇較為「適當」的決策呢？

通常我們可以將問題真因、可行方案，以及決策考量點羅列出來，再依照重要性進行相對評分，找出最適當的可行決策。

以「Angel 舉辦產品說明會」的「地點偏遠」項目的可行決策為例。我們以「時間」「成本」做為我們決策的評估要項，將所有的決策進行討論與比對（圖 4-4-9），可以得知：

●當下可以做的事情

對時間有利的決策是 請客戶自行搭乘給予補助優先於安排接駁車，優先於印製交通路線圖。

對成本有利的決策是 印製交通路線圖 優先於安排接駁車，優先於請客戶自行搭乘給予補助。

●未來可以做得更好

對時間有利的決策是 安排接駁車優先於安排住宿會場或附近，優先於選擇方便到達之處。

對成本有利的決策是 安排接駁車優先於選擇方便到達之處，優先於安排住宿會場或附近。

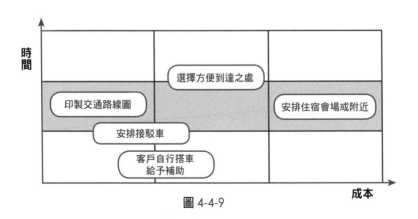

圖 4-4-9

## ▄ 選擇決策執行的優先順序

　　若是以未來可以更好的改善部分，在眾多決策當中如何判定決策執行的優先順序呢？我們同樣將可行方案，以及決策考量點羅列出來，再依照重要性進行相對評分，來排定決策執行的優先順序。

　　我們以「降低客戶對產品與服務抱怨」的可行決策為例，以時效性、可行性、成效性，以及花費成本四個指標，透過五等量表（最有利的為 5 分，最不利的為 1 分）作為可行方案的「相對分數評比」（表 4-4-10）可以得知：

　　解決知識不足的專業訓練，以及解決說明書不清楚的明確操作步驟，修訂說明書三項決策在時效性、可行性、成效性，與花費成本上相對於其他選項都是能在短時間、少成本的情況下完成，不但容易進行，且成效馬上就能看出，因此在執行的優先順序上就取得最高的的分數，而成為眾多決策當中最優先執行的項目。

　　依此類推，我們可以知道要解決「設計不佳」這個問題，其解決方案是要更改設計樣式，其不是馬上就可以完成，花費的成本也是所有決策裡面最高的，因為設計變更涉及到的單位與利害關係人也多，因此在可行性上不容易達成，但是設計變更後對於客戶抱怨的降低卻有很高的效果。因此其執行順序會是排在最後，意思是要花比較多的時間進行溝通協

| 問題真因 | 可行方案 | 1.時效性 | 2.可行性 | 3.成效性 | 4.花費成本 | 總分 | 順序 |
|---|---|---|---|---|---|---|---|
| 流程冗長 | 簡化服務流程 | 4 | 5 | 5 | 4 | 18 | 2 |
| 知識不足 | 專業訓練 | 4 | 5 | 5 | 5 | 19 | 1 |
| 設計不佳 | 更改設計樣式 | 1 | 2 | 4 | 1 | 8 | 7 |
| 材質不良 | 使用碳纖材質 | 2 | 3 | 3 | 2 | 10 | 6 |
| | 厚薄誤差在 5mm 以內 | 2 | 4 | 4 | 2 | 12 | 5 |
| 說明書不清楚 | 修訂說明書 | 5 | 5 | 4 | 5 | 19 | 1 |
| | 明確操作步驟 | 5 | 5 | 4 | 5 | 19 | 1 |
| 折扣不佳 | A+B 促銷方案 | 3 | 5 | 5 | 2 | 15 | 4 |
| 宣傳不夠 | 網路宣傳 EDM | 5 | 4 | 3 | 4 | 16 | 3 |

圖 4-4-10

調才能完成這個改善計畫。

透過以上的決策範例我們可以知道，身為主管除了要能夠帶領團隊發現工作目前異常狀況、分析可能的原因，並且先制定解決當下狀況的「治標」決策，更要做預防未來再次發生的「治本」決策。其目的都是為了排除執行組織目標的障礙，讓工作團隊能夠回到預期的執行狀態，而順利達成目標。

## ▲決策分析運用：「情有可援」

有了決策分析的概念和能力後，我們可以將問題分析與解決的邏輯思維，用在向上報告與跨部門溝通的過程中，先將要談的事項條列出來，然後依照「情有可援」的步驟來進行報告與討論。

### ☀情：現在發生什麼情形？

運用狀況描述、影響性分析與可控度分析進行說明。

例如：接任員工 ken 到職已經兩周了，因為搞不清楚交接工作，除了每天的工作，還需要花時間重頭確認交接的工作流程，導致他這一周天天加班。

## ☀ 有 : 有哪些可能的原因造成？

可採用五個 Why、魚骨圖法的方式進行說明與討論。以上述狀況為例，可能的原因有：

①交接項目太瑣碎，容易遺漏沒交接到

②交接很花時間，會耽誤接任員工原本的工作

③接任員工不熟悉新的工作，有細節沒交接到也不知道

## ☀ 可 : 可行的對策有哪些？

針對以上的可能原因，先提出自己的想法與建議方案。以上述狀況為例，可行的對策有：

①主管要定期召開全員會議，讓員工互相知悉彼此工作內容

②設計工作交接清單，需依照表單內容確實交接，列入離職必要程序

③與離職員工保持聯繫，確定接任員工可以接手

## ☀ 援 : 非自己權限能力可為，需主管或跨部門提供協助的地方

決策方案中，屬於非自己權限與能力可解決的，請求主管或跨部門協助。以上述狀況為例，自己能做的，就是依照表單內容確實交接，以及與離職員工保持聯繫，而需要由主管協助的地方有：

①主管要定期召開全員會議

②請主管交辦同仁設計工作交接清單

「情有可援」的精神在「帶著答案去問問題與溝通」。自己先思考過問題原因與找解決方案，並帶著這樣的結果去向主管請教，或與跨部門溝通，有助於問題的釐清與決策方向的制定。

　　對於目標指令不明確的主管，透過情有可援的報告模式，也能促使主管有更多面向看待問題與制定決策。如此，我們在職場上就是一個有想法，主動會想解決問題方法的人，而不是被動等待指令操作的機器人。

決策區分：當下可以做的事，以及未來要做的事，主管的任務就是要協助部屬評估當下可行決策與未來改善對策，並找到最適當的方案。

透過五個為什麼的問題分析，針對每個問題制定解決方案。

決策型的魚骨圖因為有問題型魚骨圖對照，使決策與各個原因之間具有相互關係，決策過程鼓勵團隊參與，運用集體智慧。

通常我們可以將問題真因、可行方案，以及決策考量點羅列出來，再依照重要性進行相對評分，找出最適當的可行決策。

我們同樣將可行方案，以及決策考量點羅列出來，再依照重要性進行相對評分，來排定決策執行的優先順序。

身為主管除了要能夠帶領團隊發現工作目前異常狀況、分析可能的原因，並且先制定解決當下狀況的「治標」決策，更要做預防未來再次發生的「治本」決策。

「情有可援」的精神在「帶著答案去問問題與溝通」。自己先思考過問題原因與找解決方案，並帶著問題與解決方案去向主管請教，或與跨部門溝通，有助於問題的釐清與決策方向的制定。

Chapter **5**

# 主管的職場溝通藝術

溝通是一種「乘數」的效果，
你的學問及本領要發揮到最終的效率，
就要靠溝通。

前台積電董事長 張忠謀

# 職場工作關係的建立

　　我們常說，找到對的人，事情就容易一半。但是，不管你是內升或者是空降的新任主管，我們並不一定一開始就擁有「人員招募」的權力，而且除非現有部門的人力原本就嚴重缺乏，不然新官上任，我也不建議馬上就開始大舉「招兵買馬」，這樣可能也會引起內部不必要的揣測或恐慌。因此，我們就必須先和部門內「現有的」所有成員一起共同生活與工作。

　　我個人很喜歡將設計思考（Design Thinking）的觀念，借用在管理實務當中，設計思考是一個以人為設計的出發，運用同理心，站在使用者及各個關係人的角度，發掘他們的需求、需要及痛點，並以此為基礎，思考真正貼近使用者的設計。設計思考鼓勵即早發現問題，即早面對失敗的心態，寧可在早期成本與時間投入相對較少的時候，早點知道失敗，並作相對應的修正。

同樣的，既然在職場工作中我們避免不了「人」的問題，那我們就用人的角度來探討，到底有哪些人出現在我們的工作中，而這些人又各別有哪些影響力，為了讓工作能夠順利進行與完成，這些人對我們工作的期望，以及他們的特質與互動模式又有哪些？目的是早點瞭解我們在工作或專案進行的過程當中，會面對哪些可能的溝通與互動的障礙，而讓我們能夠即早做調整與因應。

個案研討

## 空降上任的 Michael

Michael，今年 38 歲，興趣是玩手遊、攝影、登山以及騎自行車，專長業務行銷，尤其很會做客戶服務。過去曾在 A 公司服務將近 10 年，因為邏輯強，服務的客戶也多，大家公認他的客戶服務滿意度最好，所以部門裡與客戶服務相關的工作，也由他來負責。去年，加入了 B 公司，帶領業務行銷處下的行銷企劃部，負責行銷企劃與市場調查的工作。這裡的工作方式跟以前不一樣。上面的老闆 Andy 很喜歡交代工作細節，與要求工作順序，不喜歡別人的提問或者建議。每次只要 Michael 提問，明明是更好的方法，Andy 不是告訴 Michael 這不是他要的，就是說這裡

的經驗跟文化不這樣做，幾次之後，講再多也沒用，Michael 就按照 Andy 交代的方式去做，心想反正也不用動腦，只是比較浪費時間也沒有效率，就像是在應付一個有代溝的老人家。

不過，近期 Michael 覺得 Andy 經常找他麻煩，總是不讓他外出服務客戶，卻指派一些讓他覺得對績效沒什麼貢獻的工作，比如說 Andy 常交代 Michael 代為參加內部管理會議，並於會後整理會議紀錄，轉寄給所有部門主管，以及副本給 CEO。有一天 Michael 竟然不管什麼工作內容，都副本給所有部門主管以及 CEO，而且內容還出現很多錯誤與過時的訊息。這讓 Andy 非常不開心，直問 Michael 為什麼搞不清楚事情的大小就亂寄信。另外也針對 Michael 發給客戶的信件內容，表示太過繁雜沒重點，請 Michael 重寫再寄。相較於以前在 A 公司的時候，Michael 只要動動嘴巴就能做事，這裏真的是處處被制約。Michael 私下求證過一些同事，證實 Andy 對他的方式真的跟別人不同，被挑被念的次數比其他同事加起來的多太多了。

對主管來說，最難適應的大多是「人」的狀況，而較少是「事」的問題。從案例中 Michael 與 Andy 之間的互動過程

中就可以發現，Michael 是一個喜歡與他人互動，做事俐落，性格較為開放的人，但是他的主管 Andy 看起來卻是一個比較謹慎，實事求是，要求細節的人，因此兩人在對做事的品質，以及對訊息發布的認知上，就有著不同的差異。若是兩個人能夠理解彼此的特質與想法，以及做良好的工作分派與指導溝通，就能在日後的工作產生良好的互動。

## ▲職場溝通是門大學問

　　根據過往輔導與培訓的經驗，所有主管或部屬問卷排名最多的問題就是「溝通問題」，如何做才會成為一個好的主管呢？各種的說法很多。有人說要能以身作則、規劃願景、懂得因材施教、工作說清楚講明白，對於部屬的溝通要有話實說……等。

　　針對 2021 年參加主管培訓的所有主管，我做了一個調查，請大家從各種管理職能當中選擇一個他認為理想主管最重要的一個特質或能力。經過 400 多位學員的票選得到以下的統計數據（表 5-1-1）：

　　透過這張統計圖表，我們可以知道「溝通能力」佔了所有應具備能力將近 1/4，顯示其重要性。然而，既然這麼重要，為什麼我們在職場溝通仍舊面對這麼多障礙與問題呢？

| 分類 | 數量 | 百分比 |
| --- | --- | --- |
| 溝通能力 | 108 | 24.11% |
| 當責 | 90 | 20.09% |
| 情緒管理 | 56 | 12.50% |
| 專業能力 | 46 | 10.27% |
| 領導力 | 44 | 9.82% |
| 解決問題的能力 | 42 | 9.38% |
| 個人特質 | 24 | 5.36% |
| 決策力 | 22 | 4.91% |
| 學習力 | 12 | 2.68% |
| 執行力 | 4 | 0.89% |
| 總計 | 448 | |

表 5-1-1

　　根據訪談這些主管們，造成職場溝通的障礙有：專業認知不同，不懂得換位思考；每個人都有其個性與風格，以及溝通的雷區；不會使用好的溝通語言進行工作與人際上的溝通，所以容易在工作中產生衝突。

## ▲職場溝通的藝術「個、位、好」

在正式專案啟動，或日常工作的進行中，免不了就是要進行一連串溝通、互動，以及合作的過程，所謂「志同道合」，才能合作愉快。

在第一章我們提到「盤點工作關係人」，其目的是為了瞭解和我們工作有關係的人有哪些，以及這些關係人對我們工作的影響力，以作為日後工作上能夠在對的時間，找到對的人，溝通對的事項，以及瞭解需求與期望。

當然，在職場中也可能有「非正式工作關係」的友誼，這些也可能間接影響我們在工作中的關係排序，這也就是為什麼企業內部常常會有「購物團」、「吃飯幫」、「運動組」，這些非正式團體的影響力有時候也會左右職場溝通的結果。因此，主管針對「非正式」重要關係人的認識，也是對本身職場人際關係有決定性的幫助。

職場溝通的藝術，遵循「個、位、好」三大原則，也就是「瞭解彼此的個性」、「換位思考同理心」，以及運用「良好的溝通技巧」來進行有效的溝通。

在職場工作中以人的角度來探討，到底有哪些人出現在我們的工作中，又各別有哪些影響力，這些人對我們工作的期望，以及他們的特質與互動模式又有哪些？

· · · · · · · · · · · · · · · · · · · · · · · · · · · · · · · · · · · · · · · · · · · · ·

職場溝通的藝術，遵循「個、位、好」三大原則，也就是「瞭解彼此的個性」、「換位思考同理心」，以及運用「良好的溝通技巧」來進行有效的溝通。

# 個：瞭解彼此的個性

　　職場上，不同性格的人總是各有喜歡的做事與溝通偏好：有的很獨斷，喜歡講重點、重目標；有的很精準，喜歡講標準、重細節；有的很熱情，喜歡講人情、重合作；有的很穩定，喜歡講和諧、重支持。這些特質沒有絕對的好與絕對的壞，而是透過性格的展現，瞭解個人在工作上的表現，以及溝通的期望。

　　我們可以透過以下兩大項問題，來檢視自己的職場性格是比較偏向哪一種？在回答以下題目時，請試著回想你這些狀況曾在哪些工作場景發生？

●在工作的情境中，你的行為反應通常傾向哪一種呈現方式？

① A 節奏快的　　　　　B 穩健緩慢的

② A 活躍的　　　　　　B 沉著冷靜的

③ A 主動的　　　　　　B 深思熟慮的

④A 大聲的　　　　　　　B 輕聲的

⑤A 有活力的　　　　　　B 有條不紊的

⑥A 大膽的　　　　　　　B 仔細的

如果你的 A 選項比較多，代表你是一個動作較快、外向、主導性較強的人

如果你的 B 選項比較多，代表你是一個動作較慢、內向、思考性較多的人


● 在面臨工作的選擇時，你的<u>思考判斷</u>通常傾向哪一種考量？

①A 目標導向的　　　　　B 人際導向的

②A 關注邏輯的　　　　　B 關注人情的

③A 客觀的　　　　　　　B 具有同理心的

④A 抱持懷疑的　　　　　B 傾向接受的

⑤A 考慮挑戰面的　　　　B 考量團體和諧的

如果你的 A 選項比較多，代表你的考量點著重在理性、喜歡就事論事

如果你的 B 選項比較多，代表你的考量點著重在感性、喜歡關注他人

根據這兩大類問題的結果，我們可以將職場的性格初步區分成四種類型（圖 5-2-1）。分別是動作節奏快、著重理性考量的支配型、動作節奏快、著重感性考量的影響型、動作穩健、著重理性層面的謹慎型，以及動作穩健、著重感性層面的穩定型。

圖 5-2-1

性格沒有絕對的好與壞，也沒有最佳的性格，所有的性格都有它的優勢以及弱項。每個人都或多或少具備四種類型的特質，只是呈現的程度不一樣，每個人都是不同性格的混合體，重點在於比較「優先」，或者是「傾向」呈現的樣貌。

不同特質的人，在工作上的價值觀，以及互動、溝通的喜好，分為以下四種類型：

## ▲支配型

Allan 總是精力旺盛，腦子經常不停地運轉，總有事情可做，總有地方可去，總有人可以拜訪。他有強烈的成功動機，但不會瞎忙，而是有目標、有眼光，敢於突破創新。

支配型的人是屬於動作節奏快、著重理性考量，其在職場工作中常有以下的表現：

●所關注的是，如何克服障礙達到結果。

●在工作上傾向透過主導行動，獲得立竿見影的結果，非常樂於接受挑戰。

●在溝通上喜歡挑戰權威，也重視權威和權力，偏好直接了當的說明。

●在外表的呈現上，是自信，果斷，充滿冒險精神的。

●在職場的弱項是，缺少對他人的關心，比較急躁。

## ▲影響型

Carol 總有生動的故事、說不完的笑話，只要有她在，總

是氣氛活躍、笑聲不斷。她不喜歡重複、不能忍受一成不變，喜歡熱鬧，喜歡無拘無束，追求刺激，拒絕乏味的工作。

影響型的人是屬於動作節奏快、著重感性考量，其在職場工作中常有以下的表現：

- 所關注的是，通過影響力來說服他人。
- 在工作上傾向與人打交道，留下好印象。
- 在溝通上喜歡社會認同，團體活動，人際關係。
- 在外表的呈現上，是熱情，魅力，善於交際的。
- 在職場的弱項是，衝動，混亂，缺乏堅持到底。


## ■謹慎型

Steve 不爭強好勝，可以聽從指揮、按指令辦事，而且辦事認真，不輕言放棄。他注重分析，常能洞察細微而具體的問題，但太重批判性，因此容易被認為是挑剔、吹毛求疵。

謹慎型的人是屬於動作穩健、著重理性考量，其在職場工作中常有以下的表現：

- 所關注的是，在現有條件下，透過謹慎工作來確保品質和準確性。
- 在工作上傾向關注標準和細節，分析性思考。
- 在溝通上喜歡明確定義工作期望，重視品質和準確性。

- 在外表的呈現上，是謹慎的，精確的，嚴謹的。
- 在職場的弱項是，因為要求數據與依據，而對自己和他人過於挑剔。

## ▲穩定型

Sally 個性謙遜溫和，總是面帶微笑，慢條斯理。她喜歡一次只做一件事，在做出決定和採取行動前，會先徵詢別人的意見。她不喜歡獨斷獨行，希望能獲得清楚的指示和大力的支持，然後她就會以穩健的步伐，持之以恆地完成工作。

穩定型的人是屬於動作穩健、著重感性考量，其在職場工作中常有以下的表現：

- 所關注的是，實現穩定性，通過與他人協作來完成任務。
- 在工作上傾向平靜，耐心，忠誠，善於聆聽。
- 在溝通上喜歡極少的變化，穩定性高，真誠的讚賞，合作。
- 在外表的呈現上，是耐心，有條不紊，平靜的。
- 在職場的弱項是，過度地付出，而忽略本身的需求。

知名小說《西遊記》裡的最佳團隊就是「唐僧團隊」。

除了唐僧這樣使命感很強，卻不是慷慨激昂的個性也能成為好領導外，孫悟空身為團隊第一戰力，所有神佛鬼怪都怕他，但是他的恃才傲物個性，讓人喜歡也讓人頭疼；豬八戒雖然口無遮攔，但是西方取經之路遙遠，若是沒有他沿路談笑唱歌，怎麼有辦法讓這嚴肅的團隊帶來歡樂的氣氛？最後沙悟淨雖沒有偉大的理想，也沒有像大師兄與二師兄那樣強大的戰力，但是他任勞任怨，願意為團隊做好任何本份卻是團隊最可靠的夥伴。

這四種看似不同，又衝突的個性，合在一起卻能夠經歷九九八十一個磨難，最終取得真經。所以，身為主管，我們要有一個領悟，那就是不要期望每一個人都很厲害，每個人都有他的優點與弱項，正因為彼此的「各有所長」，所以才能「彼此互補」，在團隊面臨不同挑戰的時候，都有人可以帶領大家共同去解決這樣的難題。關於團隊領導的部分，我們會在後續的章節中做更詳細的說明。

我們可以將職場的性格初步區分成動作節奏快、著重理性考量的支配型、動作節奏快、著重感性考量的影響型、動作穩健、著重理性層面的謹慎型，以及動作穩健、著重感性層面的穩定型。

身為主管要有一個領悟，那就是每個人都有他的優點與弱項，以及「各有所長」，所以才能「彼此互補」，在團隊面臨不同挑戰的時候，都有人可以帶領大家共同去解決不同的難題。

職場上，不同性格的人總是各有喜歡的做事與溝通偏好。這些特質沒有絕對的好與絕對的壞，而是透過性格的展現，瞭解個人在工作上的表現，以及溝通的期望。

# 位：換位思考同理心

溝通障礙中，最常被提及的就是「沒有換位思考與同理心」，而什麼是「換位思考」與「同理心」呢？

換位思考，是指能夠站在對方立場設身處地思考、於人際交往過程中能夠體會他人的情緒和想法、理解他人的立場和感受，並站在他人的角度思考和處理問題。

比方說，我們在第一章第一節提到「帶人帶心，莫忘初衷」，主管覺得同仁難搞，教不會或不願調整，我們可以站在部屬的立場想想，我們是否成為了部屬眼中的壞主管？以及在「向上管理 狀況共有」中，我們提到我們的主管也是人，我們所面對的人事物，在他們的層級，同樣也在面對他們上層主管的各式要求。

同理心，是在既定的事件上讓自己進入他人角色，體會到他人因環境背景、自身生理與心理狀態以更接近「他人」在本位上的感受與邏輯。進而因為自己體會了「同樣」

的經驗，也就更容易理解當事人所處當下狀態的反應，並更能夠理解這種行為和事件的發生脈絡。

比方說，主管和部屬面談中發現，部屬之所以教不會或不願調整，其背後的原因可能是「理解能力不佳」、「學習速度慢」，或者「對於改變感到害怕」等，主管要能體諒部屬的狀態，試想自己面對不熟悉或競爭的環境，也可能會因為壓力而產生學習抗拒的心態。

因此，在溝通的過程中如果沒有站在對方的立場，理解對方的想法與理由，就會造成雙方各說各話，毫無交集，甚至有可能因此產生不必要的衝突。

我們可以透過「瞭解關係人的工作期望與需求」，以及「職場性格」二個層面來試著同理他人在職場工作上的狀態：

## ▲瞭解關係人的工作期望與需求

第一章第三節中，我們提到，除了部門內部的主管與同仁必須要互相認識之外，主管也必須要認識各部門相對應的主管以及窗口，這個部分除了可跟隨上級主管一同前往各部門認識之外，新任主管也可以主動的邀約相關的部門進行拜訪，如此可以增加在部門間的「能見度」，而從

拜訪其他部門的過程當中，可以了解平常合作的方式、需要注意的事項，以及未來可以更好的地方。所謂知己知彼，就是了解自己本身的工作，瞭解對方的需求，最後才能提出彼此都滿意的溝通與互動模式。

我過往在進入一個新工作的時候，在瞭解我自己本身人力資源部門的工作職掌、內容之後，就會在我的主管或者部門內資深同仁的帶領下到各部門去「拜碼頭」，除了認識各部門主管，以及自我介紹外，我也會與各部門主管花一點時間聊聊他們對現行人力資源制度、流程的看法，以及瞭解未來我在工作上可以協助他們的地方。也因為我在新上任時做了這個動作，之後在各種主管會議與跨部門溝通中，能因為大家對我有基本的印象而有助於溝通的順利進行。

所謂關係人，也包含自己部門的主管與同仁，新官上任的小陳，在與上級主管黃經理會談瞭解工作職掌與內容之後，也要逐一與部門同仁老張、老李、小美，與小林個別訪談，除了瞭解工作現況之外，也能從會談的過程中瞭解每一個同仁對主管未來的期望與想法。這也是團隊建立初期很重要的動作，可以讓同仁感受到主管的重視與親和力。

因此在瞭解工作中的重要關係人需求的方式，就是「換

位思考」的站在這些關係人的角度，瞭解他們對我們這個部門、這些工作，這個職務的期待、想法，或需求會是什麼？

## ■透過使用者故事（User Story）來了解工作關係人的需求與期望

所謂使用者故事（User Story）是軟體開發與專案管理中的常用術語。它是使用以客戶或使用者的觀點撰寫對需求的簡單描述，以作為後續功能開發與需求實現的參考依據。

其描述格式如下：

作為一個A的角色，我希望可以B，如此可以達到C的好處。

其中A是對方的單位或職稱，B是對方期待與需求，C是解決的痛點，或滿足的效益。

我們透過以下的範例，讓大家對這個句型能夠有更多的理解：

①對於業務代表（A）來說，期望公司給予更多報價的彈性（B），如此在面對重要客戶搶單的過程中可以把握

重要機會點（C）。

②對於研發部門（A）來說，期望公司不要在平常日開課（B），不然下課後還要回單位加班，真的好累！（C）

③對於製造部門（A）來說，期望設計變更的次數愈少愈好（B），如此才能在要求的排程中準時出貨（C）。

④對於客服部門（A）來說，期望製造品質與檢驗能夠精準（B），不要讓客戶有退貨與客訴的機會（C）！

⑤對於 Andy（A）來說，期望 Michael 在做任何事之前，能夠預作檢查與確認（B），不要讓錯誤的資訊到了客戶那邊而貽笑大方（C）。

⑥對於 Michael（A）來說，期望 Andy 在交辦事情之前，能夠和我說清楚講明白對工作的要求與期待（B），不要事後才說這不是你要的（C）。

另外，我們也可以從不同部門的職掌，瞭解各部門的工作重點與壓力所在。

比方說，業務人員對內要熟悉產品以及公司的定價策略，對外既要迎合客戶的喜好與需要，又要能堅守公司的立場與利潤，往往在業績壓力之下，真的是兩面不是人，而這樣的心酸，也不是其他單位所能體會與理解的。

而會計人員的工作是為了維護公司內部財務流程的順

暢與穩定，因此包含制度、流程、系統、報表，都要遵循一定的規範進行。正因為其工作與公司的營運有直接的影響，不能容許些許的差錯發生，因此會計人員對表單正確性的要求才會這麼高，但是其他單位的人卻會因此認為他們很吹毛求疵，過度死板，這也是其工作不得不為的樣貌。

透過以上的例子，我們都可以看出不同單位，甚至主管或同仁，對於我們工作產出的期待與需求都不一定和我們自己想的相同。因此在工作上，不是只有「做我想做的事」，而是在「兼顧彼此利益」的前提之下，讓工作都能夠更加順利的完成。這也是「設計思考」中強調「以使用者為中心」的思考模式，我們也可以看作是「換位思考」，在溝通之前多一分設想，方能有多一分體諒，也就能在職場互動中多一分和諧。

## 職場性格

前一節我們提到：職場性格沒有絕對的好與壞，也沒有最佳的性格，所有的性格都有它的優勢以及弱項。每個人都是不同性格的混合體，重點在於比較「優先」，或者是「傾向」呈現的樣貌。

支配型的人是屬於動作節奏快、著重理性考量，其在

工作上傾向透過主導行動，獲得立竿見影的結果，非常樂於接受挑戰。在溝通上喜歡挑戰權威，也重視權威和權力，偏好直接了當的說明。

影響型的人是屬於動作節奏快、著重感性考量，其在工作上傾向與人打交道，留下好印象。在溝通上喜歡社會認同，團體活動，人際關係。

謹慎型的人是屬於動作穩健、著重理性考量，其在工作上傾向關注標準和細節，分析性思考。在溝通上喜歡明確定義的工作表現期望，重視品質和準確性。

穩定型的人是屬於動作穩健、著重感性考量，其在工作上傾向平靜，耐心，忠誠，善於聆聽。在溝通上喜歡極少的變化，穩定性，真誠的讚賞，合作。

瞭解不同類型的人在工作中的狀態後，我們就比較能從「為什麼有你這樣奇怪的人」的心態，轉變為「原來你是這樣性格的人」，正因為理解對方是這樣的性格，自然瞭解在工作上有這樣的溝通模式與表現也就不足為奇，因此能在心理上建立同理心。而更重要的是，我們知道要怎麼去和不同類型的人做好的溝通與相處。

換位思考，是指能夠站在對方立場設身處地思考、於人際交往過程中能夠體會他人的情緒和想法、理解他人的立場和感受，並站在他人的角度思考和處理問題。

同理心，是在既定的事件上讓自己進入他人角色，體會到他人因環境背景、自身生理與心理狀態以更接近「他人」在本位上的感受與邏輯。

透過使用者故事 (User Story) 來了解工作關係人的需求與期望，其方法就是：作為一個 A 的角色，我希望可以 B，如此可以達到 C 的好處。另外，我們也可以從不同部門的職掌，瞭解各部門的工作重點與壓力所在。

瞭解不同類型的人在工作中的狀態後，我們就比較能從「為什麼有你這樣奇怪的人」的心態，轉變為「原來你是這樣性格的人」自然就能在心理上建立同理心。

# 好：良好的溝通技巧

在我 20 年的企業職場生涯中，我覺得擔任主管的歷程，也是在深入「自我對話」的過程，因為在這過程中，我會面對不同人、事、物，而累積不同的案例，與解決的方式，也可以幫助釐清自己的思考邏輯，鼓勵自己找到好的方式來說給同仁聽，讓每個人都能夠了解，如果我們都能帶著好奇的精神來體驗這段歷程，對職場與人生都將能有不同的看見與學習。

總結我過往擔任主管的經驗，我學習到身為主管最大的修煉，就是要在日常管理中，學習「傾聽、同理，與回應」三個技能。

## ▲傾聽、同理、回應

「傾聽」，不是單純聽見表面的聲音，而是工作中每個

管理事件背後所呈現的真實聲音是什麼？比方說，我們產品出現了品質異常，這背後要帶給我們什麼聲音與啟示？同仁聽不懂、教不會，不想做，他們背後真實想反應的故事與難處是什麼？身為主管是否能夠真正聽見？

聽，是由幾個重要的字所組成。首先，「耳朵為王」，意思就是要認真的聽，不但「聽到」對方所講的內容，也要「聽完」對方完整的描述，最後要「聽懂」對方內心的想法。

其次，「十目」，意思是在聽的過程中，眼睛要看著對方，聽的過程中不僅是聽著對方描述的過程，同時也在透過「看」的方式來「聽」對方的「肢體語言」，有的人在說話的時候會抓頭髮，勾手指，或者身體不自主擺動等等，這些「語言」可能在傳達當事人的「害羞」、「緊張」，以及「擔心」，因此我們可以透過這樣的訊息，去深入瞭解對方背後隱含的意義。

最後，一心，意思是在聽的過程中，不但要專心聽，才能聽到對方所講的內容；也要耐心聽，才能聽完對方完整的描述；也要同理心，才能聽懂對方內心的想法；更要有好奇心，才能進一步瞭解對方背後隱含的意義。

因此，在聽的過程中要怎麼做才能釐清與確認對方所表達的意涵呢？我們可以透過以下幾個問句來確認：

「請問你剛剛說的是……，是嗎？」

「所以，你的意思是不是……？」

「關於……你可不可以多說一點？」

比方說：「請問你剛剛說造成品質異常的原因之一，是人員操作不當，是嗎？」

「所以你的意思是不是，只要我們建立客服回應的FAQ，就能降低客服人員回應的錯誤率？」

「關於你剛剛說，因為小明與小花過去的誤解造成現在溝通障礙的狀況，可不可以多說一點，是發生了什麼事？」

透過上述問句，可以幫助我們確認對方所說的話，或者以「換句話說」的方式來幫助彼此理解目前的狀態。有助於建立雙方共同的認知點。

「同理」，如同前一節提到的「換位思考同理心」，對於同仁表現，懷抱「莫忘初衷」；對於主管的作為，懷抱「老闆也是人」的心情，換位思考的設想，為什麼同仁會有這樣的表現與作為？主管這樣決定的依據是什麼？有什麼樣的考量？如果是我，我會怎麼做，或者我會期望看到什麼？

我們可以在聆聽的過程中，適時的點頭與簡單的回應「是」、「嗯」，讓對方瞭解我們有在專心地聆聽，此外也可以透過以下的回應，表達我們正試著去理解對方話語裡的經歷感受：

「從你的話裡，我覺得你好……，因為……」

「你說你那時候……，我相信當時你一定很……」

比方說：「從你的話裡，我覺得你很勇於負責，因為發生異常的當下，沒有先責怪與抱怨，反而想盡辦法要解決問題，我真的很佩服！」

「你說你那時候突然接到客戶大發雷霆的抱怨電話，我相信當時你一定很受挫，畢竟這麼用心的準備一切，卻換來客戶不滿意的回饋。」

透過上述句型，可以幫助我們與當事人同在，目的是讓對方理解我們的同理，是為了協助他解決目前的狀況，讓對方在心情受到照顧的情況下，願意更多說一些，協助探詢事實的真相。

「回應」，當我們能夠聽見事件背後真正的聲音，能夠理解甚至看到問題真正的原因，那麼我們就能思考可以採取的行動、方案，或尋求的援助有哪些？

我們可以透過以下對話，來做共識的建立：

「我覺得可以先針對有共識的部分進行……，您覺得如何？」

「針對我們共同面對的癥結，我們可以……，您同意嗎？」

「我們可以互相調整的地方是……，如此就能順利進行，針對這部分有沒有其他想法？」

比方說：「我覺得可以先針對有共識的部分，如人員教育訓練，以及制訂客服 FAQ，先著手進行，您覺得如何？」

「針對我們共同面對的癥結點，像是目標的設定、工作的安排，我建議我們可以先召開專案團隊會議，讓大家一起來討論可以怎麼做，您同意嗎？」

「我們可以相互調整的地方是，以後遇到任何臨時變更的通知，都先告知彼此，並且開會討論後續因應計畫，如此就能避免我們訊息不對等的狀態，工作就能順利進行了！針對這部分有沒有其他想法？」

## ▲職場溝通三明治法則：美、問、避、答

瞭解傾聽、同理、回應之後，在實際工作場合中要怎麼應用會比較洽當呢？在此分享我個人覺得非常好用的「溝通三明治法則」，這是一個兼顧理性就事論事，以及感性照顧他人心情的溝通模式，如同三明治一樣。我們透過「美、問、避、答」四個步驟來說明如下：

### ☀美：讚美與肯定

對於對方的說法先給予肯定，讓對方感受到自己的誠意。

例如：「謝謝剛剛研發經理對於本案目前所面臨的問題

提出非常棒的見解，例如對於事前風險的考量、時間的安排、成本的支出等等，這些都是我們在專案執行當中所必須考量的重要觀點。關於這部分，我們必須要給予高度的肯定。」

### ☀問：釐清問題找癥結

以問問題的方式，代替主觀的判斷，聽對方或第三方的說法，以便能更深入的了解其提出的用意。

例如：「聽到這些風險的提問，依各位的經驗與判斷，可不可以多多分享，有哪些可能的因素，會造成這些風險產生？」

### ☀避：避免情緒衝突，就事論事

針對各方論點，隨時進行歸納總結，將討論回到事情主軸而避免因為情緒性的發言影響事情的討論。

例如：「根據大家的說明，我可以歸納成以下幾類，分別是品質考量、成本考量，以及交期考量。而針對這些類別，各位有沒有好的想法，來解決這樣的狀態？」

「依照剛剛各位的討論，我們可以針對有共識的部分，也就是採用外包的方式，將風險轉嫁給供應商，或許可以讓研發經理所提的困擾獲得有效的解決，不知道大家覺得如何？」

## ☀ 答：答謝與支持

感謝彼此花時間進行對焦與共識的達成，並表示願意與對方共同合作的心意。

例如：「謝謝大家參與本次的會議，以及對於問題充分表達想法，我相信我們只要稍做調整，一定會有很棒的表現，讓我們一起加油！」

此外，透過以下的範例，主管也可以將溝通三明治法則運用在對部屬日常工作管理上：

## ☀ 美：讚美與肯定

主管：「Hi！小明有空聊聊嗎？我看你這次還蠻拼的，第一季的業績還蠻好的。」

部屬：「謝謝經理，還可以啦！」

## ☀ 問：釐清問題找癥結

主管：「不過依你的實力，A 客戶的業績似乎沒有達到我們的預期，你會不會有點失望？依你的判斷，是什麼原因？」

小明：「報告經理，我們競爭對手 Z 公司竟然採取低價策略，A 客戶一直要我提出可以讓他們滿意的報價，可是我

沒有這方面的權限啊，真的很傷腦筋啊！」

主管：「從你剛剛的話裡，我聽到你面對競爭對手的低價策略，因為你本身權限的關係，在不能和對方比價錢的情況下，也不知道該怎麼處理，是嗎？」

小明：「對啊！除了價錢之外，我要怎麼讓客戶願意選我們這邊呢？」

### ☀ 避：避免衝突就事論事

主管：「依照我過去的經驗，這類型的問題大多是因為客戶的採購窗口本身也有要向他們老闆交代的壓力，因此才會以價錢為導向要求我們這些供應商配合。但是你想想，A客戶本身是知名大廠，他們對品質的要求是很高的，這也是為什麼過去以來都長期與我們合作的原因。因此，我建議你在價格不變的情況下，提供對方更多品質、服務等附加價值，讓對方感受到我們的誠意，也讓窗口得以向上呈報。你要不要試試這個方法，或許可以讓你目前所面臨的困擾獲得更有效的解決。」

### ☀ 答：答謝與支持

主管：「我相信只要你調整一下，下次一定會有很棒的表現，我相信你！加油！」

透過上述的範例我們可以知道，溝通是可以兼顧理性與

感性的。只要我們在一開始溝通的時候不要預設立場，多一些換位思考與體諒，說話的口氣多一些柔軟，相信職場的溝通就能少一分阻礙，有助於共識建立、問題解決，以及工作績效的達成。這才是身為主管最重要的價值，不是嗎？

傾聽要專心聽到、耐心聽完、用心聽懂,以及以好奇心去確認自己的認知與對方所表達的內容是否一致。

聽的過程中,適時的回應,讓對方瞭解我們有在專心地聆聽,此外透過簡單的回應,表達我們正試著去同理對方的經歷感受。

當我們能夠聽見事件背後真正的聲音,能夠理解甚至看到問題真正的原因,那麼我們就能思考可以採取的行動、方案,或尋求的援助有哪些?

職場溝通三明治「美問避答」法則是一個兼顧理性就事論事,以及感性照顧他人心情的溝通模式,它包含了讚美與肯定、釐清問題找癥結、避免衝突就事論事,以及答謝與支持。

Chapter 6

# 部屬培育與工作指導

我們每個人都有能力做自己與別人生命中的天使，
關鍵在於，
我們是否願意活出屬於自己生命的獨特價值。

前亞都麗緻飯店總裁 嚴長壽

# 工作能力盤點

在過往與企業老闆或高層經營者訪談時，除了企業經營目標外，談論最多的就是對該公司的主管期許，例如：

「主管本身很優秀，但無法快速培養出跟他一樣優秀的部屬。」

「主管確實很用心在帶部屬，也願意教，但成效卻不如預期。」

「主管認為他們的職責是只要完成團隊目標績效，員工培育是人資部門要負責，這根本是錯誤的觀念！」

「我們公司的產品與技術真的很有競爭力，但缺的是可用的人才。」諸如此類。

個案研討

## 資訊部的 Fiona

Fiona 在資訊部擔任軟體課長已經有三年的時間了，

在去年負責採購系統開發的專案表現亮眼，加上上個月系統課的 David 課長離職，主管 Mike 希望 Fiona 能夠身兼軟體與系統兩個課的主管，透過這段歷練，以便未來可以承擔資訊部主管的職位。由於 Fiona 本身對系統課的工作內容與專業並不完全熟悉，加上原本軟體課的工作也需要承擔，造成 Fiona 在兩邊無法兼顧的情況下，常常出現專案溝通的衝突以及系統規劃完整性不足的問題，這讓主管 Mike 非常失望，於是找了 Fiona 到會議室來面談，想瞭解問題出在哪裡。

從管理的觀點來看，主管要執行上級所交付的任務通常必須透過部屬的協助，因此部屬工作能力的好壞，對部門績效與價值有很大的影響。所以主管需要盡全力協助部屬學習、成長，致力提升他們工作上所需的必要能力，以提升部門整體績效。

組織裡每位同仁的工作態度、工作能力及工作方法，皆會影響企業的整體績效，也關係著企業的長久競爭力。因此，團隊目標達成的過程中，同時也培育出優秀的人才，是多數企業經營者對主管的「殷切期待」。因此，部屬培育，是企業極為重視的領導能力，也是培養領導梯隊的重要傳承關鍵。

在多能工的時代，每個人都需要培養多重的專業能力，以完成不同工作與應付突發的狀況。像上述案例中的 Fiona，在原本軟體課表現優異，但是突然要身兼兩個單位的主管，在對於工作不熟悉的情況下，總是會出現顧此失彼的狀態，因此如果在上任前，能夠得到主管 Mike 的一些指導與提點，或許可以減少管理工作上的狀況發生。

那麼，主管要在什麼時候進行對部屬的培育與指導呢？很多主管說：「我們也有自己的業績壓力，實在沒時間及精力進行部屬培育。」，其實，主管在面臨以下時機，必須適時的給予部屬指導與建議，以便部屬能夠即早進入狀況：

●新人到任時

對於不熟悉的工作項目、環境，以及本身應該要注意的事項，主管要肩負說明指導之責，即使指派資深人員進行輔導，主管也要定期關心新進人員暸解工作與適應狀況。

●部屬被賦予工作擴大化時

當部屬面臨工作輪調，或承擔更多工作項目時，主管應先與部屬會談，說明對部屬工作上的調整與未來的期許，並針對部屬可能會面臨的狀況進行工作指導，以使部屬對未來的工作有更進一步認知與心理上的準備。

●工作進度出現狀況時

工作因為出現狀況影響進度時，主管要帶領部屬一起釐清現狀、探討可能的發生原因，並且找到可行的因應對策，以及後續推展的行動計畫。主管可以透過這個過程，觀察部屬的反應與處理方式，瞭解部屬面對問題的應變與處理能力。部屬也可以透過這個過程，學習主管的問題分析與決策過程，進而累積自己的執行經驗。

●部屬能力不足時

有時候工作的難度超過部屬的能力，或者因為不熟悉造成工作執行上的不順利，主管必須指導部屬正確的觀念、操作方式，以及提醒應注意事項，並確認部屬的學習效果，使部屬能夠提升本身的能力，順利完成工作任務。

●部屬績效考核後

針對不同部屬的狀態，主管給予不同的培育方式：針對績效表現超乎預期的部屬，給予升遷、輪調或者是其他工作豐富化的選項，使其在不同高度與廣度的領域發展；針對績效表現達標的部屬，給予工作擴大化、專業能力提升，使其具備完成挑戰性目標的能力；針對績效表現低於預期的部屬，主管要瞭解其未能達標的原因，給予輔導、重新分配工作內容，或者加強培訓的選項，使其能夠提升能力與意願，趕上組織的腳步與進度。

傑出的主管應該是「好教練」，要有效帶領團隊提升績效，就要調整自己的角色，從「長官」轉換成「教練」，要以「指導」來取代「命令」，引導部屬發揮自己的潛能。所以我們常聽到「沒有教不會的部屬，只有不會教的主管」。

　　一般而言，部屬工作能力的培育可從知識（Knowledge）、技能（Skills）及態度（Attitude）等三方面來進行。首先，主管要讓部屬瞭解執行工作的基本概念、原理及標準為何；同時，也要讓部屬具備執行工作時所需要的技巧及訣竅，最後必須要讓部屬有動機及意願將所學習到的知識與技能確實表現在工作上，才能算是真正有工作能力。

## ▲工作應具備的能力

　　在第一章裡，我們有提到依照不同層級或關鍵職務定義出相對應的人才規格，建立工作的主要職責與應具備的職能，匯集成為「職務說明書」（Job Description，簡稱：JD）（表6-1-1）。透過職務說明書，可以清楚瞭解，要勝任工作應該具備的知識、技術、特質與經驗有哪些。

## ☀知識（Knowledge）

工作中「應該要知道」的。舉凡工作中會被問到「知識」類的，都屬於這個範疇。包括相關的理論、常識、流程、規範、方法，以及應注意事項…等。

## ☀特質（Attribute）

工作中「必須要具備」的。每個工作之所以能夠順利完成，除了應該要有的知識、技術之外，工作過程中的處理態度與特質，更是重要。比方說知道談判流程，懂得運用談判技巧，是否能夠遵守「誠信」原則，面對狀況是否能有「抗壓」能力來面對與解決，這些特質就是遠比知識與技術更為重要的工作要素。

## ☀技術（Skill）

工作中「應該要會做」的。和上述知識不同的是，「知道」不等於「做到」，這很像學生在「學科」考試能夠取得滿分，因為他的背誦能力可能很好；但是在「術科」分數卻不一定能夠得到好的分數，是因為在操作能力上，並不一定能夠有很好的表現。因此，舉凡工具操作、系統操作，以及凡事要動手處理或要靠執行方能完成的，都屬於這個範疇。

## ☀經驗（Experience）

工作中「最好要擁有」的。所謂「凡走過必留痕跡」，我們除了例行性的工作外，更多時候是在面對「計畫不如變化」的狀況處理、問題分析與解決，以及跨部門溝通，如果

在工作當中能夠擁有許多狀況的處理經驗，那對危機的應變、決策的制定，以及共識的建立，都有很好的幫助。

我們擷取其英文字首，簡稱它是「KASE」表。比方說，透過機構工程師的「KASE 表」可以得知（圖 6-1-1）

- 應該知道的知識有：材料基本特性、機械加工法、機構製程，以及成本分析。
- 應該要會做的技術有：繪圖能力、模具結構運用技術、組裝與解決機構相關問題。
- 必須要具備的特質有：耐操、溝通、樂於學習、創新。
- 最好要有經驗是：結構設計的狀況排除、獨立執行專案、與供應商溝通與交際的能力。

**專業的知識 (K)**　　　　　　**具備的技術 (S)**

| | |
|---|---|
| 1. 材料基本特性<br>2. 機械加工法<br>3. 機構製程<br>4. 成本分析 | 1. 繪圖能力<br>2. 模具結構應用技術<br>3. 組裝與解決機構問題 |
| **機構工程師** | |
| 1. 耐操<br>2. 溝通<br>3. 樂於學習<br>4. 創新 | 1. 結構設計的狀況排除<br>2. 獨立執行專案<br>3. 與供應商溝通與交際能力 |

**擁有的特質 (A)**　　　　　　**應有的經驗 (E)**

圖 6-1-1

再比方說，透過會計人員的「KASE 表」可以得知（圖 6-1-2）

- 應該知道的知識有：會計學、稅法、商業相關法規，以及成本與管理學。
- 應該要會做的技術有：ERP 系統操作、Excel 應用軟體、財務報表製作與分析。
- 必須要具備的特質有：謹慎、細心、耐心、誠信、守法。
- 最好要有經驗是：ERP 系統架構的優化、作業流程的改善、管理報表製作。

專業的知識 (K)　　　　　　具備的技術 (S)

| 1. 會計學<br>2. 稅法與商業相關法規<br>3. 成本與管理學 | 1. ERP 系統操作<br>2. Excel 應用軟體<br>3. 財務報表製作與分析 |
| --- | --- |
| **會計人員** | |
| 1. 謹慎、細心<br>2. 耐心<br>3. 誠信、守法 | 1. ERP 系統架構的優化<br>2. 作業流程改善<br>3. 管理報表製作 |

擁有的特質 (A)　　　　　　應有的經驗 (E)

圖 6-1-2

透過「KASE」表的盤點，可以幫助主管瞭解各個工作應該具備的知識、技術、特質，以及經驗有哪些。除了可以用來評斷部屬是否適任工作的標準，也能盤點其工作能力是否滿足工作的要件，而作為部屬培育與工作指導的規劃依據。

## ▲部屬目前的能力評估

　　在透過職務說明書或 KASE 表盤點出工作應具備的能力後，接下來就是評估部屬目前的能力，如同我們參加考試一樣，在寒窗苦讀數年之後，經過不管是書審、筆試、口試，或者術科考試的檢測之後，就知道我們過去所學的結果，是否符合標準。

　　比方說，在筆電安裝現場，標準作業時間是在 1 分鐘之內鎖完主機板上的 8 顆螺絲，並且沒有瑕疵（螺絲歪斜、未鎖緊、主機板斷裂）。

　　經過 10 分鐘的檢測，員工 A 在 10 分鐘內完成 10 片主機板，80 個螺絲的安裝正確。員工 B 在 10 分鐘內完成 8 片主機板，有四個螺絲未鎖緊，1 片主機板斷裂。員工 C 在 10 分鐘之內完成 15 片主機板，120 個螺絲的安裝正確。員工 D 在 10 分鐘之內完成 20 片主機板，160 個螺絲安裝正確。員工 E 在 10 分鐘之內完成 5 個主機板，有 10 螺絲歪斜、15 個螺絲

未鎖緊，3 片主機板斷裂。

因此透過以上的檢測結果，員工 A 符合標準，員工 C 超過標準，員工 D 遠高過標準，員工 B 低於標準，員工 E 遠低於標準。

## ▲能力與意願

相信很多主管都有以下的感覺：覺得同仁難搞，教不會或不願調整，搞到最後時間緊迫，乾脆自己下來做比較快！或者苦惱用什麼語氣說話才不會讓他不開心，願意為工作「多盡一分心力」？所以有時候部屬不是能力的問題，是心態面的問題，或者我們說意願的問題。

工作績效來自組織內每個員工不但有能力，也願意盡其最大的努力把工作成果做到最好，以貢獻其成果而達成組織的目標。因此，我們可以說工作績效就是能力乘上意願的結果。

如果能力愈高、意願愈高，那麼其工作的績效也就愈高。如果能力愈低，意願愈低，那麼其工作績效一定就愈低。但是，能力與意願的分數卻不是相同的。

能力，可能從零（完全無基礎），到無限大（非常有能力），因為透過學習、培訓，以及刻意練習的方式，都能夠

幫助我們提升能力。

　　但是意願，只有「想」（=1）與不想（=0）兩個分數，一個人若有通天的本領，如果他願意貢獻他的能力，那麼工作的績效表現就能彰顯。若是他不願意，那麼即使有再好的功力，因為沒有展現出來，而不會有好的結果。（圖 6-1-3）

圖 6-1-3

　　這讓我想到西遊記裡面的孫悟空，我們組織裡總是有這樣功力高強的人，什麼工作似乎都難不倒他，任何疑難雜症到了他手中就變成簡單的事情一般，三兩下就解決了。但是要知道孫悟空可是很有個性的傢伙，如果他高興，上刀山下油鍋他都無所畏懼提著戰功回來。若是惹毛了他這天王，不但不出手，還會耍脾氣回到花果山去當他的山大王，怎樣求他都不願意出來，讓其他人真是坐如針氈，不知道該如何是好。

　　依照能力與意願，我們可以將組織內人才區分成四種類型（圖 6-1-4）：

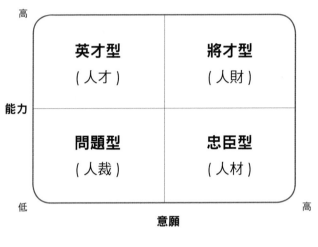

圖 6-1-4

☀**能力高、意願高的人財**

　　這類型的員工，我們稱他是「將才型」的員工，因為他不但能力強，工作意願也高，如同軍隊裡的將軍一般，能夠為部門、企業帶來高績效，因此是幫組織帶進「錢」的人，所以又叫做「人財」。

☀**能力高、意願低的人才**

　　這類型的員工，我們稱他是「英才型」的員工，雖然這類型的員工能力強，但是工作意願時有時無，有時會非常樂意為部門與企業貢獻心力，有時也會心灰意冷，不願意付出太多。這類型的員工雖然短時間倚仗他的能力非常好用，但

是一旦不如他意，就可能另求他去，對組織來說是個不確定的幸福，所以只能說是個好「人才」。

☀ **能力低、意願高的人材**

　　這類型的員工，我們稱他是「忠臣型」的員工，因為他雖然能力未能到位，但是對於部門與企業的工作投入意願是很高的，即使面對企業高成長或低潮期，這些員工都非常願意配合組織的改變與運作，安守本分的做下去。這類型的員工就像待雕琢的木材一樣，期待有一天能夠成才，因此稱之為「人材」。

☀ **能力低、意願低的人裁**

　　這類型的員工，我們稱他為「問題型」的員工，因為不但能力上無法精進提升，在意願上也不高，也就是呈現愛做不做，交辦給他的事情也要三催四請還沒有進度，後來才發現根本不會做，也不告知，讓主管非常頭痛的類型。我們稱之為「人裁」，就是希望這類型的人在組織裡是愈少愈好，若是這類型的員工不妥善處理，將會影響到部門裡其他類型的員工。

　　透過以上的說明之後，試著回想您的部門裡，部屬的能力與意願狀態分別為何？在能力與意願矩陣圖當中，他們又在什麼樣的位置？

## ▲因材施教的部屬培育計畫

在了解工作應具備的能力，以及部屬的能力與意願狀態後，主管就可以開始規劃部屬培育的計畫。在這裡您可能想要問說：「不就是教導部屬，需要做得這麼詳細嗎？」其實，我們做這三個步驟的目的，就是為了「因材施教」。

所謂「因材施教」，不是用同一種方式教導所有的部屬，也不是不管大家的程度就進行統一的指導，而是針對部屬不會、不熟練、不懂的項目，進行個別、客製化的指導與培育。

在工作能力盤點與部屬比對之後，我們可以發現符合標準的有 A、C、D 三位員工，而員工 D 在這方面的能力更是遠超過預期標準，因此在這個工作能力項目，A、C、D 三位員工是可以不需要另外進行培育與指導，但是可以指定員工 D 成為員工 A 與員工 C 的輔導員，協助分享如何可以更好的做法給員工 A 與員工 C，使其能夠在工作成效上更上一層樓。

針對能力不符合標準的員工 B 與員工 E，主管可以對員工 B 進行 SOP 的工作指導，畢竟員工 B 的能力缺口距離標準較為接近，只要能夠按照對的方法進行培訓與練習，就能慢慢跟上工作需求。

而員工 E 由於工作能力距離標準相差過大，主管要做的事情就是先瞭解員工 E 的狀況，釐清是什麼原因造成能力落差過大，再針對其主要原因，決定用什麼方式培育與指導。（圖 6-1-5）

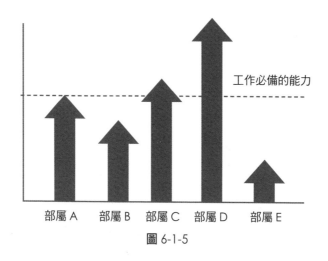

工作必備的能力

部屬 A    部屬 B    部屬 C    部屬 D    部屬 E

圖 6-1-5

## 🪨部屬能力培育的方式

　　為了使部屬獲得必要的工作能力，一般來說，主管通常會採取三種常見的培育方式：

### ☀在職訓練（On-the-Job Training，或簡稱 OJT）

　　由主管或資深人員在實際工作中對部屬的能力進行培育，比方說，現場操作說明、帶領門市人員現場示範如何接待客戶與應對、指導招募專員如何篩選線上履歷等。

### ☀自我發展（Self Development，或簡稱 SD）

　　協助部屬對個人有關的能力學習與開發，比方說，公司編列經費自行去學習語文、電腦操作等。

## ☀派外訓練（OFF-the-Job Training，或簡稱 Off-JT）

指派部屬至特定場所或訓練機構參加學習。比方說，防火管理人訓練、MTP 中階主管管理培訓等。

## ▲制定部屬培育計畫表

在了解部屬能力培育方式之後，我們就可以針對每個部屬來進行培育計畫，若是應具備的能力屬於全公司性或通識課程，如「企業文化」或「問題分析與解決」等，則標注「HR」，意思是該項培訓由公司內部人資單位統一辦理。若是工作能力屬部門內部專業，如工作管理實務、製程操作與監控、半成品修補作業，以及機台保養作業等，則標注「OJT」，意思是該項培訓由部門主管或資深同仁進行工作中指導。若是該項能力在公司內部沒有適合的教學者，需要透過外部機構協助培訓，如「溝通表達技巧」等，則標注「OffJT」，意思是該項培訓由外部單位協助辦理，或者公司派員至外部機構上課。若是該項能力無需要進行培訓者，則標注「X」。

透過部屬培育計畫表（圖 6-1-6），主管可以清楚瞭解單位內部屬的年度培育計畫，並可以安排適當的時間進行工作指導與培育。

| 序 | 1 | 2 | 3 | 4 | 5 | 6 | 7 | 8 |
|---|---|---|---|---|---|---|---|---|
| 職能項目<br><br>姓名 | 問題分析與解決 | 溝通表達技巧 | 工作管理實務 | 製程操作與監控 | 半成品修補作業 | 機台保養作業 | 企業文化 | 主管評語 |
| 高〇〇 | HR | OffJT | X | OJT | OJT | OJT | HR | |
| 陳〇〇 | X | X | X | OJT | X | X | HR | |
| 李〇〇 | HR | OffJT | X | X | OJT | X | HR | |
| 林〇〇 | X | X | OJT | OJT | X | OJT | HR | |
| 王〇〇 | HR | X | X | X | X | X | HR | |

圖 6-1-6

## ▲意願上的培養

　　前方我們所提的部屬培育與工作指導，都是著重在「能力」的養成與培訓，那有關「心態面」，即「意願」這個層面，要如何培育呢？

　　我們剛剛提到能力與意願可以將人才區分四種類型（圖6-1-7），針對不同類型也有不同的培育方式。

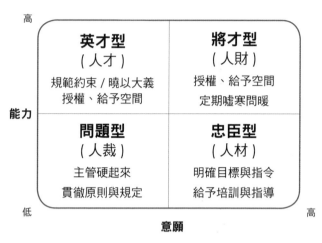

圖 6-1-7

## ☀能力高、意願高的「人財」

由於將才型的員工自己會規劃與完成任務，因此主管只要授權、給予其決策空間，但是也不能只是交辦工作任務而已，適時的與其噓寒問暖，建立工作上的關係，也是重視人才的一種方式。

## ☀能力高、意願低的「人才」

英才型的員工讓人苦惱的是其意願的狀態，因此主管必須放下身段與其會談，瞭解其心理需求與狀態，再重申工作規範，以及確認其意願之下，可以給予授權與空間，但必須要定期回報主管工作狀況，以便讓主管能夠追蹤其後續狀況。

## ☀ 能力低、意願高的「人材」

忠臣型的員工最需要的就是明確的指令，他們才能在工作上有所方向。但是在能力上面，主管必須多花些心力在指導與培育，在執行較困難的專案時，請能力較高的將才型員工或英才型員工從旁協助，未來方能慢慢成為將才型的員工。

## ☀ 能力低、意願低的「人裁」

對於問題型的員工，主管必須要堅守原則與職場公平性，先與其會談瞭解狀況，並給予輔導期間與改善機會，若在一定期間未能在能力與績效上有所改善，則建議主管依照公司規定處理。如此才能讓其他三類型的員工知道主管是「說到做到」，「玩真的」。

工作應具備的能力可以透過職務說明書，或者將主管與資深人員的訪談整理成 KASE 表。除了可以用來評斷部屬是否適任工作的標準，也能盤點其工作能力是否滿足工作的條件，而作為部屬培育與工作指導的規劃依據。

工作績效就是能力乘上意願的結果。根據能力與意願高低，我們可以將組織內人才區分成四種類型：能力高、意願高的人財；能力高、意願低的人才；能力低、意願高的人材；能力低、意願低的人裁。

主管通常會採取三種方式來培育部屬的能力：在職訓練（簡稱 OJT）、自我發展（簡稱 SD）、派外訓練（簡稱 Off-JT）。

意願上的培養，針對不同類型的部屬，透過授權、瞭解部屬心理狀態曉以大義、給予培訓與指導，以及堅持原則與規定的方式。

# 工作知識萃取

在進行工作指導前，我們會需要「指導的教材」，通常這些工作的流程、步驟，以及工作中的應注意事項，都會留存在三個地方。

●標準作業程序書（簡稱 SOP）

為了讓所有作業都能按照既定的流程、步驟進行，在許多重要的工作現場，都會有一套標準作業程序，目的是為了在維持一定的品質、速度下，達到完成服務與產品的提供。例如：焊接標準作業程序、客戶接待標準作業程序等。

●職務說明書（簡稱 JD）

在第一章我們有提到，職務說明書依照不同層級或關鍵職務定義出相對應的人才規格，有些職務因涉及到重要的流程管理，因此會在職務說明書中註明工作流程、步驟與應注意事項。

●上層主管與資深人員

有些工作步驟與流程，並不會出現在這些文件當中，而是留存在主管的經驗中，以及資深人員的腦海裡，他們總是能夠一看就發現，一聽就知道，一摸就瞭解，但是我們旁人是怎樣都學不會。

個案研討
### 工地裡的老麥師傅與徒弟大興

大興已經在營造公司任職工程師一個月，主管陳副理為了讓大興早點瞭解工地的施工狀況，因此指派大興明天起到大發建設的工地找工地主任老麥報到，並且在工地實習的這段時間由老麥擔任大興的師傅，教導大興一些工作的實務。

大興到大發建設的工地報到後，工地主任老麥帶著大興進入工地說：「大興啊！今天我們要做施工架的搭建，現在我來教你怎麼做。」大興表示非常興奮。

老麥：「因為我是施工架的作業主管，我都會請相關的作業人員來召開一次對施工架的結構會議，我也請所有的人員一同來參與施工架的安全衛生教育訓練課程。」

大興：「蛤！搭建施工架前還要先上課喔？」

老麥：「當然啦！這樣子我們才能夠事先知道相關的安全規範，預防一些災害發生。」

教育訓練課程後的隔天，大興穿著簡便服裝，很興奮地找老麥：「師傅，師傅，快快快，我們趕快去工作吧！」

老麥：「大興，等等，要上去施工架時，你忘了一件最重要的事，就是要配戴作業人員的防護具，例如（指著自己全身）棉手套、安全帶、安全鞋，還有安全帽這些相關的安全措施，一個都不能少！」

大興：「哎約，師傅，戴這種棒球帽比較帥啊！」

老麥：「戴這帽子比較帥？等一下鋼筋掉下來砸到你的頭，看你怎麼帥！」

大興勉為其難地說好吧，就去換穿裝備，並再三確認之後，前來找老麥師傅。

大興：「師傅，現在可以去搭設施工架了吧！」

老麥：「先別急啦！在搭設施工架前，要先檢查所有的材料是不是有缺陷，使用的鋼材是不是有符合國家的標準，然後全部都自我檢查過一遍之後，才能夠開始準備搭設施工架！」

大興：「原來喔，那我知道了！」

接著老麥帶著大興走到材料區說：「符合國家標準

的施工架，需要標示製造廠商名稱、商標、製造年份，還有「框」、「併」、「單」、「聯」這些字的標示。」

大興：「是的，師傅，我知道了！」

老麥突然說：「大興，我現在來考考你，搭設施工架的第一個步驟要做什麼？」

大興很得意地說到：「師傅，這個我知道，我有認真上你的訓練課程，就是搭設施工架的地基要平整，地面要整平，對不對啊？」

老麥：「不錯喔！大興，師傅說的話你都有認真聽下去！沒有錯，如果說我們在搭設施工架的時候，地面不夠平，可能我們還沒有搭建完成前，施工架就會倒塌！而引起意外事故啊！」

　　這一段在工作現場中最常出現的工作指導對話，新進的徒弟很想趕快上工，但是資深的師傅總是會諄諄教誨與提醒徒弟應該注意的步驟。雖然當下徒弟都有聽到、聽完、聽懂，也可能會進行操作，但是下一次操作同樣的步驟時，徒弟是否依舊能夠記得這些要點？

　　或者，當徒弟有一天也成為了資深人員，或者成為了師

傅，他是否也能夠如他的師傅一樣將這些重要的流程、步驟與應注意事項「傳承」給他的徒弟或者部屬呢？

時代轉移，各世代對於工作的理解與要求不同，四五年級的世代要的是「Know What」，也就是告訴我怎麼做。六七年級的世代要的是「Know How」除了告訴我步驟之外，也要告訴我完成的方法是什麼！而新世代的八九年級，更多要的是「Know Why」，在告訴我這些步驟、方法時，我想聽的是為什麼要這樣做？不做會怎樣嗎？為什麼同樣的工作，別人是那樣做，我們卻這樣做？

我們常聽到一些資深人員說：「我也不知道為什麼要這樣做，當初我師傅就這樣教我，我就這樣做了，只知道這樣做是最有效的。」

我們要如何從主管、資深人員，以及自己的工作經驗中得知這些工作步驟、方法，以及眉角呢？這時候就需要透過「工作知識萃取法」來進行。

## ▲工作知識萃取的方式

我們可以透過「3W 法則」也就是「What, How, Why」來了解工作完成的方法與「眉角」。

### ☀ What

步驟，也就是完成工作的流程。通常在標準作業程序（SOP）中可以得知，當沒有 SOP 時，就靠資深同仁帶領完成所有的步驟。

### ☀ How

方法，也就是要做好 What 步驟，所需執行的動作、使用的工具，或者操作的細節。同樣的，這通常在標準作業程序（SOP）中也都有說明。

### ☀ Why

理由，也就是完成這項工作的重要「眉角」。這個做法長期被資深同仁所運用、操作，必定有其緣由，可能是因為品質的要求、可能是因為方便操作、也可能是為了安全的考量。這些都是「趨吉避凶」道理所在。

我們可以將老麥師傅教導大興徒弟的「施工架作業前準備」的對話，依照 3W 法則整理如下表（表 6-2-1）：

透過工作知識的萃取整理後的表格，不但後續在操作的時候可以當作查檢表（checklist），未來也可以成為教導任何從事施工架作業人員遵循的依據。

| 工作名稱 | 施工架作業前準備 | |
|---|---|---|
| **步驟（WHAT）** | **方法（HOW）** | **理由（WHY）** |
| 施工架架構結構會議 | 召集相關作業人員 | 了解相關的安全規範，預防災害的發生 |
| 施工架安全衛生教育訓練 | 召集所有人 | 了解相關的安全規範，預防災害的發生 |
| 配戴作業人員的防護具 | 棉手套、安全帶、安全鞋、安全帽 | 確保作業人員安全避免發生工安意外 |
| 確認防護具是否配戴正確 | 自我檢查＋主管檢查 | 確保作業人員安全避免發生工安意外 |
| 確認使用的鋼材是否符合國家標準 | 1.需有標示製造廠商名稱、商標、製造年份<br>2.是否有框、併、單、聯標示 | 檢查材料是否有缺陷，避免施工品質瑕疵造成工安危險 |
| 確認地基面平整 | 確認、檢查 | 避免施工架有倒塌之虞，造成工安危險與意外事故 |

表 6-2-1

工作知識的來源，包含了「標準作業程序書」（簡稱 SOP）、職務說明書（簡稱 JD），以及上層主管的經驗與資深人員腦海中。

工作知識萃取是透過「3W 法則」也就是「What, How, Why」來了解工作完成的步驟、方法與眉角。

What：就是步驟，也就是完成工作的流程。

How：就是方法，也就是要做好 WHAT 步驟。

Why：就是理由，也就是完成這項工作的重要眉角。

透過工作知識的萃取整理後的表格，不但後續在操作的時候可以當作查檢表 (checklist)，未來也可以成為教導任何作業人員遵循的依據。

# 工作指導實施

## 行銷部的大華

　　大華是頂尖產品工程師，從知名學校畢業，進入公司的設計部剛滿三個月。吳副理為了部門績效著想，常把重要的專案交給大華負責，大華不但能達到績效，也深獲上級的賞識。

　　但是最近一個月，大華的工作態度並不好，除了會依照自己的喜好挑工作，與課內同仁相處也不融洽，更糟的是，他的出勤狀況非常差，時常遲到早退。課內同仁紛紛向吳副理抱怨，吳副理也感到非常困擾。

　　從上述的案例來看，雖然前面我們說到，部屬培育的方式可以透過工作擴大化的方式進行，但是對剛進公司的大華來說，對於工作的職掌、工作的流程，以及團隊合作的部門

不甚熟悉，主管應該先行做工作的說明與指導，才開始進行任務的交辦。況且即使大華能力再優秀，過度將工作交辦給某一個人，除了造成其工作的負荷之外，也會造成其他部屬少了工作的歷練與培育的機會，最後反而造成管理上的困擾。

## ▲指導前的準備

在確定要為部屬進行工作指導時，主管必須事前準備以下事項：

### ☀約定時間

即使是部屬在工作的當下發生動作、操作上的錯誤，主管應先協助帶領部屬解決當下發生的狀況，再安排非工作繁忙時段，與部屬約定指導的時間，以避免影響當下工作的進行。若教導的行為屬於當下可以提醒與確認的，也是於該工作動作或狀況處理完成後才進行。

### ☀安排地點

若要指導的作為較為簡易，對象人數較少，可以直接在現場進行。若指導的作為包含知識建立、技能操作，以及態度灌輸等，且對象人數較多時，可以安排在專屬的教室、操作現場，以方便做完整的工作指導。

### ☀ 準備事實紀錄

由於工作的指導通常發生在部屬不會做、不熟悉做，且可能因為操作不當發生問題，所以有本次工作指導的狀況。因此在實施指導前讓部屬瞭解工作指導的用意，目的在透過工作指導後提升工作的品質，降低錯誤與損失的發生。

### ☀ 準備工作知識萃取表

為了確保工作指導的完整性，以及讓部屬能夠清楚明白工作指導的內容、步驟、方法，與應注意事項，事前準備工作知識萃取表（或者稱教材）不但可以幫助主管做完整的說明，也可以印製發放給部屬，作為上課參考，以及日後操作的對照使用。

### ☀ 準備指導需要的材料、器具

如果工作指導需要有器材的輔助，也必須做事先準備與擺放，以利工作指導的實施。例如欲在工地中的施工架搭設教學，須事先準備各種器材的擺放，以及搭建施工架的工具與安全設備等。

因此，在大華的案例中，行銷部吳副理可以這樣做：

首先，先和大華約定一個下午較為不忙的空擋，安排在部門的會議室中，為了讓大華瞭解工作的職掌與內容，吳副理先準備了職務說明書，以及各項工作的流程、步驟表。另外，也準備了大華到任以來的工作觀察紀錄，以及其他同仁

的反饋意見等資料，以便能夠和大華討論其最近的表現以及未來可以怎麼改善。

## ▲工作指導的四個步驟

在許多工作指導的案例當中，主管或資深同仁為了能夠快速將部屬教會，往往不是教導的速度相當快，不然就是讓部屬自己看著標準作業程序書，或者工作知識萃取表自行閱讀，最後得到的效果當然是部屬一知半解，有問題也來不及問，回到工作崗位上自然是故態復萌，狀況百出。因此，工作指導的過程當中，必須遵循以下幾個步驟，便能確保工作指導的實施與效果確認：

### ①分段說明＋確認

也就是「分段說給他聽」。依照我們工作知識萃取表，先說明一個步驟，然後停頓，並且詢問部屬是否瞭解，此時部屬若有問題，便可以提問，主管立即說明與回答。

比方說，關於大發工地的施工架搭設教學，師傅老麥是這樣教徒弟大興的：

老麥：「因為我是施工架的作業主管，我都會請相關的作業人員來召開一次對施工架的結構會議，我也請所有的人員一同來參與施工架的安全衛生教育訓練課程。這個部分清

楚嗎？」（步驟、方法）

大興：「蛤？搭建施工架前還要先上課喔？」

老麥：「當然啦！這樣子我們才能夠事先知道相關的安全規範，預防一些災害發生。」（理由）

### ②分段示範＋確認

也就是「分段做給他看」。每講完一段工作知識萃取的步驟，主管就示範一個動作，然後停頓，並且詢問部屬是否瞭解，此時部屬若有問題，便可以提問，主管立即說明與回答。

比方說，關於大發工地的施工架搭設教學，師傅老麥是這樣教徒弟大興的：

老麥：「大興啊，要進行施工架搭設時，就是要配戴作業人員的防護具，例如（指著自己全身）棉手套、安全帶、安全鞋，還有安全帽這些相關的安全措施，一個都不能少！知道嗎？」（步驟、方法）

大興：「哎約，師傅，戴這種棒球帽比較帥啊！」

老麥：「戴這帽子比較帥？等一下鋼筋掉下來砸到你的頭，看你怎麼帥！」（理由）

### ③分段操作＋確認

也就是「分段陪他做做看」。目的在確認部屬是否記得每個動作的步驟、方法，以及應注意事項。因此，在所有步驟、

方法，與應注意事項說明與示範完畢之後，接著讓部屬一個步驟一個步驟進行操作，每操作完一個步驟就停頓，讓主管與資深人員進行確認是否操作正確。

比方說，關於大發工地的施工架搭設教學，師傅老麥是這樣教徒弟大興的：

大興將所有裝備逐一穿上，自己確認完之後，再請師傅老麥確認是否正確。

### ④完整驗收＋確認

也就是「分段讓他做做看」。在完成所有的說明、示範、操作確認後，就可以讓部屬從頭到尾在主管或資深人員不干涉的情況下，完整自己做一次，並且讓主管與資深人員確認所有步驟、流程，與該注意的地方是否都確實做到。


## ■工作指導＋三明治法則

在第五章主管的溝通藝術中，我們有提到不論在跨部門溝通，或者是部屬的工作指導，都可以使用三明治溝通法來進行說明，因為工作指導是要將一個生硬的步驟、方法，甚至是注意事項，傳達給一個活生生的人，而不是機器人。因此，主管在工作指導的傳授過程中，如果可以多一分感性，多一份同理心，部屬在接受指導時，也能多一分放鬆，以及

多一分自在，就能在輕鬆的環境中將工作的知識完整的做學習。

以行銷部的大華的案例，吳副理對大華的工作指導可以這麼做：

### ☀美：讚美與肯定

吳副理：「Hi，大華，來這邊坐。大華來到我們部門已經三個月了，工作一切都還順利嗎？」

大華：「謝謝副理，一切都很順利！」

吳副理：「我發現這段時間交辦給你的工作，不管是基本的企劃撰寫，或者產品專案的執行，你表現得都相當優秀，我當初選你真的是對的！」

大華：「謝謝副理的抬愛，給我很多磨練的機會！」

### ☀問：釐清問題找癥結

吳副理：「像你這麼優秀的工作夥伴，我們對你的期待都是很高的，不過最近你在出勤方面似乎有常常遲到的狀況，這是什麼原因？」

大華：「報告副理，是這樣的，最近因為加班的時間比較多，因此身體出了一點狀況，去看了醫生之後，醫生說要注意。」

吳副理：「原來你有這種狀況啊！一切還好嗎？之後你

有任何身體的狀況，都不用客氣告訴我，或者你身邊的同事。身體為重，工作的部分我們可以想辦法分配，畢竟我們部門就是個團隊，沒什麼好不能說的啊！」

大華：「好的，因為我來到這裡之後，很多事情都不懂，都靠副理您這邊直接交辦我就做了，做錯了您這邊就會直接告訴我，但如果您不在的時候，因為專案屬性不同，我就不知道要找誰問問題或請教事情了！」

吳副理：「難怪部門裡有些夥伴以為你都不太理人，原來你這麼害羞內向啊！（笑）這部分也是我不好，我太急著讓你表現你的專長了，所以在你進來的時候沒有好好和你介紹我們的工作內容，以及派一個資深同仁給你當輔導員，讓你不知所措這麼久，真是不好意思啊！」

大華：「謝謝副理的明白，這段時間說真的壓力有點大，擔心工作的進度，所以不敢亂答應工作。因為個性關係，也不知道找誰溝通，所以造成和部門夥伴之間的誤會，我差點為此要離職了呢！」

### ☀ 避：避免情緒衝突，就事論事

吳副理：「哎呀！你若真的離職，我們就損失大了！不過現在發現都是好事，總比永遠不知道原因好！」

吳副理：「我現在有一些安排，過程中也要聽聽你的看法，記得！我們部門是個團隊，所以我們大家都是有話直說

的，你也要學習發表自己的看法，千萬不能有話不說喔！這點你清楚嗎？」

大華：「是的，我知道了！」

吳副理：「我接下來會告訴你我們的部門工作內容，以及你這個位子的工作職掌（拿出職務說明書），這上面有清楚寫著你的工作項目，以及做好這個工作應該具備的能力。因此，我們部門的專案分工就如同上面所寫的方式進行安排，不是按照自己喜愛接工作的，如果擔心能力不能勝任，除了要馬上和負責的專案經理說明外，也可以和我討論，我們可以安排一些訓練或讓你到外部機構去參加課程，說到這裡，清楚嗎？」

大華：「是的，很清楚（看職務說明書）！」

吳副理：「另外，我剛剛有說明，我們部門就是一個團隊，我們的信條就是『狀況共有』，也就是任何人遇到任何狀況，都要和其他人說明與討論，讓大家都能在同一個狀況當中，並且能夠知道怎麼處理，以及有哪些資源可以共用，這部分是否明白？」

大華：「是的，明白！謝謝副理這麼清楚的說明，並且給我詳細的文件參考，雖然我已經滿三個月了，未來在工作執行上需要有人可以討論時，可以找誰呢？」

吳副理：「我很高興你問了這個好問題，我剛剛已經問

過莊大鴻了，他非常樂意擔任你的輔導員，接下來的日子裡，不管在工作或生活上，有任何不清楚的地方，都可以先和大鴻討論與請教喔！」

### ☀ 答：讚美與肯定

大華：「太好了，真的很感謝副理的安排，接下來我會好好努力表現的！」

吳副理：「很高興，我們能夠達到共識了，我相信只要你調整一下，下次一定會有很棒的表現，加油！」

從上面的案例可以知道，即使部屬的能力優秀，在剛到任時，還是需要進行工作說明，以及工作指導。而部屬培育不僅止於針對新進同仁，安排資深同仁成為輔導員也是一種培育的方式，這些都奠基於主管對部門各項工作的瞭解。而透過三明治法則的說明，不但可以創造愉快的溝通氛圍，也可以具體瞭解部屬能力與意願的缺口所在，進一步能夠加速工作指導與部屬培育的實施。

指導前的準備包括：約定時間、安排地點、準備事實紀錄、準備工作知識萃取表，以及準備指導需要的材料、器具。

工作指導的四個步驟是：分段說明＋確認，也就是「分段說給他聽」。分段示範＋確認，也就是「分段做給他看」。分段操作＋確認，也就是「分段陪他做做看」。完整驗收＋確認，也就是「分段讓他做做看」。

工作指導搭配溝通三明治法則，不但可以創造愉快的溝通氛圍，也可以具體瞭解部屬能力與意願的缺口所在，進一步能夠加速工作指導與部屬培育的實施。

# Chapter 7

# 團隊領導與共識建立

一個人能做的不多，
但一群人可以創造無限可能。

美國作家、殘疾人權利倡導者 海倫・凱勒

# 管理與領導的意涵

回想從小到大的歷程中，我不一定都當過班上幹部，但是我一定都當過小組長。印象當中，不管是班長、學藝股長、風紀股長、總務股長等，都是吃力不討好的角色，特別是風紀股長和總務股長，一個管秩序，一個管班費。風紀股長要鐵面無私，誰講話誰吵鬧就會被登記名字在黑板上，老師進教室就會處罰這些名字被登記的傢伙。總務股長要謹慎細心，每一筆錢的進出都要條理分明的紀錄，如果不小心班費不見了，可能還要揹上賠償的責任。

不過，小組長就不一樣了，我小學時的小組長職責，要負責帶領同組同學一起完成學習的進度，比方說在課堂上報告國語第五課的內容，或者有關台灣農業現況（社會）等。可能和我分在同組的同學都是比較喜愛表演大於認真學習的，因此每次上台報告的十分鐘裡，別組都是認真精彩的報告全程，我們這組就三分鐘重點式的講完該章節的內容，接下來

七分鐘就是粉墨登場的情境演出，舉凡西遊記、親子大悲劇，或者流行音樂劇等，都是我們的腳本。由於演出太過有趣，常常讓全班哈哈大笑。最後其他小組的同學都很想加入我們一起演出。

這個愛演的特質，也讓我與同組同學有很好的關係與連結，我們不但會相約上下學、一起進出，中午會把桌子併在一起吃便當談笑風生，也共享彼此的便當菜色。同學心中有不開心的事，我們都會彼此相互排解；同學有喜歡的女生，我們會想辦法製造機會讓他們湊合在一起。雖然我們這組同學並不是班上成績最優秀的，但可以說是感情最好的。

記得有一次，因為上課期間被老師點出我們這組太過吵鬧，小組長要被處罰，結果我們小組同學全部都站起來說要一起被處罰，這大概是我這輩子第一次被感動的時刻。現在回想起來，當初我做了什麼，讓這群同學願意在當下挺身而出，和我一起接受處罰？說實在的，我只是一個「好逗陣」的小組長而已。

從小我也很好奇，為什麼當上幹部就不容易討喜，但是當小組長時就能備受歡迎與支持？這兩者有什麼不一樣？

## ▲管理和領導大不同

團隊領導這個議題，說很容易，做起來不簡單。關鍵在於「領導」和「管理」是兩個相類似，又不太相同的模式，他們類似點在目的都要完成一個任務，不太相同的是運用的手法。

管理，從其字面解釋，就是管控與整理。感覺就像小時候聽到風紀股長說：「大家安靜，不要講話，不然要登記你的名字喔！」大家會聽風紀股長的話，因為他具備這樣的「職稱」，所以擁有「權力」去行使這些「職責」。於是大家為了不要被登記，就乖乖聽話。

而領導，從字面解釋，就是帶領與引導。像是在小組長的引導下，發現自己的行為會帶給團體的影響，進而自發性的在課堂中保持安靜。因此我們可以瞭解，相對於管理，領導更著重在領導者的「特質」與「影響力」，因為其無形的特質或影響力，而不是因為他實際的職位與職權，讓被帶領的人願意相信他，並且跟隨他一起前進。

我們可以對管理與領導做以下簡單的區分：（表7-1-1）

管理是「執行」，根據所交辦的任務，使用一切方法完成任務。比方說，為了達到今年度1000萬元的營業額，業務部的同仁開始展開客戶開發與銷售策略的行動。

領導是「引導」，透過釐清與交流，引導團隊建立共識。

| 管理 | 領導 |
|---|---|
| 執行 | 引導 |
| 關注結構與流程 | 關注人 |
| 著墨在「把事做對」<br>因此想知道「何時做和如何做」 | 著墨在「做對的事」<br>因此想知道「做什麼和為什麼要做」。 |
| 聚焦在「把眼前的事情做完」 | 聚焦在「對未來的影響」 |
| 致力於「將狀況掌控在預期範圍內」 | 致力於「接受每一個可能的發生」 |

表 7-1-1

比方說透過傾聽、同理，與好的回應模式，讓彼此的觀點能夠有更清楚的聽見，並且能夠做有效的統整。（請參閱第五章主管的職場溝通藝術）

管理關注「結構與流程」，根據標準作業程序進行工作的執行。比方說，現場的品檢員依照品質檢驗的程序與要求，進行主機板的抽樣與檢測，以了解產品是否符合規定。

領導關注「人」，透過瞭解人的特質與能力，分配不同的任務或給予不同的發展。比方說，透過對部屬性格與意願的了解，工作上應具備能力的落差，進而適才適所的安排工作任務，以及職涯發展的培育。（請參閱第六章部屬培育與工作指導）

管理著墨在「把事做對」，因此想知道「何時做和如何做」。比方說，透過工作計畫甘特圖瞭解產品開發的進度，以及透過哪些資源可以如期完成。

領導著墨在「做對的事」，因此想知道「做什麼和為什麼要做」。比方說，在目標設定的時候要了解為什麼要設定這個目標，其重要性為何？並且與團隊透過 SMART 原則（具體、可衡量、可達到、相關、時限）共同討論我們的工作目標與任務有哪些。（請參閱第二章目標設定與任務交辦）

　　管理聚焦在「把眼前的事情做完」，因此著重在工作進度的跟催與完成。

　　領導聚焦在「對未來的影響」，因此在決策特別強調影響性與可控度的分析。（請參閱第四章問題分析與工作改善）

　　管理致力於「將狀況掌控在預期範圍內」。因此期望改變愈少愈好，如此才能降低變數。

　　領導致力於「接受每一個可能的發生」。因此隨時與團隊保持狀況共有，一起面對挑戰。比方說，運用「FAST」工作管理法（時常討論、大膽執行、具體行動、透明結果）讓團隊隨時能夠清楚目前專案執行的狀況。（請參閱第三章計畫展開與日常管理）

　　透過上述的比較我們可以知道，在職場上，領導者不一定是管理者，但好的管理者一定要是好的領導者。因為領導者再有魅力，在組織中還是要依照「權責」行事。而好的管理者，若搭配好的領導特質，那麼在工作的管理與人員的領導上，就能夠發揮 1+1>2 的功效。

管理，是主管被賦予這樣的「職稱」，所以具備這些「權力」透過「管理的工具」去行使這些「職責」。而領導更著重在領導者的「特質」與「影響力」。

- - - - - - - - - - - - - - - - - - - - - - - - - - - - - -

管理是「執行」，領導是「引導」；管理關注「結構與流程」，領導關注「人」；管理著墨在「把事做對」，領導著墨在「做對的事」；管理聚焦在「把眼前的事情做完」，領導聚焦在「對未來的影響」；管理致力於「將狀況掌控在預期範圍內」，領導致力於「接受每一個可能的發生」。

- - - - - - - - - - - - - - - - - - - - - - - - - - - - - -

在職場上，領導者不一定是管理者，但好的管理者一定要是好的領導者。因為領導者再有魅力，在組織中還是要依照「權責」行事。而好的管理者，若搭配好的領導特質，那麼在工作的管理與人員的領導上，就能夠發揮 1+1>2 的功效。

# 跨世代領導與管理

個案研討

## 玻璃心碎的江經理

財務部的江經理平時是一個工作一板一眼的主管，對於部屬的工作不管是出勤、與工作品質的要求相當嚴格，甚至同仁辦公桌位置的物品擺設，比如不可以吊掛雨傘，外套要收放在櫃子裡，不要掛在椅背上，包包要放在抽屜裡，桌面下不准擺放雜物與鞋子等，真的是工作生活規矩相當多。加上江經理平時表情不苟言笑，因此被單位同仁私底下給予「魔鬼」的封號。

有一天，江經理在主管週會中，聽到幾個研發的主管分享帶領部屬要帶心的方法，就是能與部屬有好的互動，來建立良好的工作關係，比方說不定期與部屬下午茶，一起團購買東西，或者是下班後一起

唱歌吃飯等，所以研發同仁都能夠樂在工作，有時候還會配合專案自願加班。

於是江經理也想在自己的部門試試看，他請會計小陳和大家約週五下班後，一起去 KTV 歡唱吃喝。週五當晚，大家在包廂中都非常開心的吃喝唱跳，江經理因為有事先行離開，讓部屬繼續享受歡唱時光。不料外面下著大雨，沒帶傘的江經理想回到包廂看看能否和同事借一把傘。

江經理才走到包廂門口，就聽到裡面傳來大聲的歌唱聲，以及會計小陳的說話聲：「每天管那麼嚴，又把我們操得那麼慘！以為請我們唱歌就能夠收買人心嗎？真的笑死人了！」在門外聽到這些話的江經理瞬間呆掉了，心想我花了這麼多錢請部屬吃喝玩樂，怎麼結果和研發主管他們講的不一樣呢？

現代的職場工作者愈來愈不喜歡被約束與限制，更不喜歡只能聽從主管的安排，感覺自己像個機器人，只能執行指令而無法自由發揮。他們更喜歡一個「願意給予空間」以及「被信任」的職場環境。這是因為每個人在工作中都有其「需求」與「期望」

## ▲ 職場的五大需求

說到需求與期望，就會想到馬斯洛的需求五層次理論（Maslow's hierarchy of needs），馬斯洛認為人類在成長階段會有五個需求，分別是生理需求、安全需求、社交需求、自尊需求，以及自我實現的需求。其內容分述如下：

### ①生理需求

這是人類維持自身生存的最基本要求，包括食、衣、住、行等方面的需要。如果這些需要得不到滿足，人類的生存就成了問題。生理需求是推動人們行動的最強大動力。對應到職場來說，就是基本的收入與福利。

### ②安全需求

這是人類要求保障自身、財產安全、避免職業上的侵擾、以及嚴酷的監督等方面的需求。對應到職場來說，就是工作的保障，以及管理機制。

### ③社交需求

這一層次的需求包括兩個方面的內容。一是友愛的需要，即人人都需要夥伴、同事之間的關係融洽或保持友誼和忠誠；人人都希望得到友情，希望愛別人，也渴望接受別人的愛。

二是歸屬的需要，即人都有一種歸屬於一個群體的需求，希望成為群體中的一員，並相互關心和照顧。對應到職場上來說，就是正式組織裡的工作關係，以及組織裡的非正式團

體的認同。

### ④自尊需求

人人都希望自己有穩定的社會地位，要求個人的能力和成就得到社會的承認。尊重的需要又可分為內部尊重和外部尊重。

內部尊重是指一個人希望在各種不同情境中有實力、能勝任、充滿信心、能獨立自主。

外部尊重是指一個人希望有地位、有威信，受到別人的尊重、信賴和高度評價。

對應到職場來說，就是工作上被尊重的對待，在專業上有成就感。

### ⑤自我實現需求

它是指實現個人理想、抱負，發揮個人的能力到最大程度，完成與自己能力相稱的一切事情的需要。也就是說，人必須稱職的工作，這樣才會使他們感到最大的快樂。自我實現的需要是在努力實現自己的潛力，使自己越來越成為自己所期望的人物。

對應到職場來說，就是工作授權，從事內部創業做自己想做的事，或者是晉升到更高職務。

透過以上的說明，我們再回到江經理的案例，從會計小陳口中的那句話，可以看出其在工作的需求上強調「尊重」，

不但希望能夠得到工作上的肯定，也希望獲得主管江經理的肯定。他不希望在工作中只是被當做機器人而是一個完整的個人看待，而江經理從管理週會聽到的方法，想要如法炮製來與部門同仁建立關係，是屬於社交需求，兩者沒有完全對焦的情況下，就會產生江經理最後期望的落差。

因此，瞭解部屬的工作需求與狀態，並給予適時的應對，是主管從「管理者」邁向「領導者」的基本作為。

## ■新世代的出現，管理的困境

「職場新世代」並不是什麼新的名詞，每個年代都有新鮮人從學校畢業進入職場，每個新鮮人也都抱持著自己對職場的期待進入工作場合，由於對職場的不熟悉，或多或少都會在職場中發生有趣或摩擦的現象。我記得 20 多年前剛進入工作的時候，由於很想早點在工作上有所表現，因此每次被主管交辦事情都很想問個明白，但是最後常常被提醒：「不要問太多，做就對了！我們都是這樣做的。」被交辦事情，也總希望能夠多一點自己的想法，以及運用剛學的知識來試著做做看。比方說我第一次舉辦全公司的新進人員訓練，為了瞭解大家對於剛進公司的狀態，於是自己製作了問卷，發送給所有分公司的新進同仁，還特地逐一打電話給對方做拜

訪與確認，也將此需求彙總給各單元授課講師，以及我的主管。這舉動當時驚動了很多管理階層，因為從沒有人是為了一個交辦工作，特別打電話與發問卷給他人進行訪談，過程中也被主管詢問為何花那麼多時間在打電話。還好事後該新進人員訓練舉辦的很成功，授課講師與學員滿意度都很高，但是「人事部那個新人類」名稱，就開始被傳播開來。

每個世代，都會被當時的「大人」定義一個名稱，比方說，我剛進入職場的時候，因為一個廣告名句：「只要我喜歡，有什麼不可以」，因此這句話就和我們這個時期的年輕人緊綁在一起，而被稱為「新人類」。之後職場對於新鮮人就開始有不同的稱號：因為 e 化時代開始，年輕人所有的溝通都在虛擬網路的「E 世代」；從小就面臨不斷的考試補習壓力，長大還要忍受職場壓力的「草莓族」、「水蜜桃族」；每月的收入著重在自己的生活享受，而不存起來的「月光族」；既然存錢那麼難，乾脆在家不出門，當「啃老族」、「靠爸靠媽族」；到最近因為承受不了社會與經濟的壓力，乾脆投降的「躺平族」。

有趣的是，不管每個時代怎麼看待「年輕世代」，怎麼擔心煩惱與他們相處，這些年輕世代都有辦法走出他們的路，成為下一階段的「社會中堅」。畢竟，我們自己不也是這樣走過來的嗎？

我們常說：「換了位子，就要換腦袋」，這個意思是說，當我們轉換到不同職位的時候，要有不同的思考模式，以及看待事情的眼光。過去當我們還是部屬的時候，我們只要專注在「如何做」，當我們成為主管的時候，我們要花更多時間在「如何規劃」、「如何帶領」，和「如何教」。而在團隊領導的過程當中，更重要的是「莫忘初衷」。

很多人說我很容易與新世代年輕人相處，除了溝通上平易近人之外，似乎也很懂新世代年輕人的想法與需求。事實上，我也必須承認，我過去曾是一個讓主管「很傷腦筋」的部屬，因為我很希望在工作上求表現與成就，但是我做事的「品質」總是讓我的主管很傷腦筋，不是誤解主管的意思，聽 A 做 B，就是工作內容錯誤很多，或者流程顛倒，許多我不以為意的項目，卻是我主管非常要求的細節，這讓我和主管之間常常會有很多的摩擦，這樣的部屬是不是也曾出現在你的管理現場呢？（真是很抱歉啊！）

正因為我過去是這樣讓人「傷腦筋」，因此，我特別能夠理解為什麼年輕夥伴總是會「聽不懂」、「教不會」、「表現不好」，甚至是「不願意配合」。

拿我過去「輕狂年少」的經驗來說，會造成以上的狀況可能的原因有：心性未定，還不知道自己想要的是什麼；真的聽不懂，但是不知道怎麼問，或者怕被笑「連這都不知道

喔」而不敢問；基於同儕的壓力，大家都這樣認為，不好意思和大家不一樣；也可能是因為主管的因素，主管要求大家都要做到的，結果自己卻沒有以身作則做到；或者主管本身不太會教或給予錯誤的指導方式；當然還有就是沒有適當的溝通方式，而造成這些狀況發生。


## ▲與新世代的溝通與相處

知己知彼才算跨出了第一步，下一步便要重新思考如何與新世代相處，如何破冰，打開他們的心門，引導他們更好地發揮潛能，追求自我提升，同時創造一個團隊同心的合作關係。

### ☀首先，對年輕夥伴的表現要多加肯定

每個人都希望自己的表現能得到別人的肯定和認同。很多年輕人的「不在乎」只是表象，實際上他們的「愛秀愛現」心態及「個人主義」心理，使他們對別人的評價和認可更加在意。不管是跳街舞、還是打電動：是奇裝異服，還是「無厘頭」大放送，他們要的都是別人的「注意」。即使不能勉強自己去認同他們的表現和作為，至少應該肯定他們的嘗試和勇氣，這對需要創新與大膽挑戰的工作，非常需要年輕世代的衝勁。

## ☀ 其次，多讚美他們

由衷的好話對年輕世代很受用，而讚美、肯定、尊重，正好打開了他們「不被瞭解」的心結。讚美可以是多方面的，只要你真心去發現，每個人都有可愛的地方，更何況是自己的部屬！我們可以學習欣賞他們的想像力、幽默感，他們對流行的敏銳，對生活的熱情，甚至是他們對「個人風格」的堅持。與年輕世代溝通時，多用「請……」、「謝謝」、「可不可以……」，多向他們請教，或許能創造與年輕世代溝通的橋樑呢！

## ☀ 第三，給他們自由與空間

現代的年輕人生長在民主開放的時代，自由與自主早已是他們習慣的生活模式。與其費盡心思監控與管理他們的一言一行，倒不如給他們彈性和自主，給他們尊重，也同時給了他們學習自律和負責的機會。年輕世代在意結果，不在意過程。硬要用主管既定的做事方式強加給他們，只會招來反抗與「罷工」，不如讓他們用自己的方式管理自己，只要完成彼此雙方約定的事情就好。說不定他們的新方法還更有效率！如此一來，年輕人覺得你「開明隨和」，又尊重他們，說不定以後更願意與你分享心事呢。

## ☀ 最後，多花些時間與他們相處

「相處」不是以主管的方式安排活動，而是放下身段投入他們的世界。有位主管原本很看不慣年輕世代的偶像崇拜，總認為當下流行音樂就如群魔亂舞，是教壞孩子的作為。直到有一天他決定改變自己的思維，與部門內同仁一同去參加了墾丁春吶音樂祭，不料卻被現場的氣氛深深感動，也體會了音樂對人心的強大穿透力。回來後，他不僅不再排斥時下的「偶像崇拜」，自己也開始與部屬之間有個共同話題的旅程。

個案研討
## 愛抽煙的 Jack

我過去有個同仁名字叫 Jack，當時年僅 25 歲，他的工作任務是負責教育訓練的規劃與執行。Jack 的個性活潑開朗，而且樂於與他人相處，做事手腳俐落，動作快速，唯獨他的工作品質，偶爾需要人家傷腦筋，關於這一點，真的和年輕時候的我非常的相似。Jack 的唯一的缺點，就是他很喜歡抽煙，由於我們的辦公室位於大樓的第 5 層，因此他如果要去「呼吸新鮮的空氣」就必須離開座位，到達一樓，或者是 10 樓頂樓的開放式空間抽煙，每一次往返的時間

大約要半個小時，中間包含搭電梯，以及抽兩根煙的時間。

然而，喜歡抽煙的人都知道，一天不可能只會抽一次煙，也有可能會需要兩到三次，特別是在工作繁忙，或者是需要耗費腦力的時候，抽煙的量就更大了，相對的時間也耗費的更久。

雖然，我並不要求部門同仁都一定要整天釘在自己的位子上，但是 Jack 長時間的離開，有時候會拖延到開會，或者是工作完成的時間。

於是，有一天我把 Jack 請來會議室和他討論如何解決這個狀況。

後來，我們一起達成了一個共識，那就是只要在工作可以完成交辦、email 能夠準時回覆，以及會議前能夠交出會議資料，並且準時參與會議。我容許他可以到一樓的便利商店中「異地上班」。

一方面如果 Jack 需要抽煙的時候，他可以很方便的到達開放式的空間；一方面透過通訊軟體，他可以迅速的回覆工作上的需要。當然，如果需要召開實體會議的時候，他就還是必須上樓到會議室報到。

原本我以為，這樣的方式會讓他一直很想要待在便利商

店上班，但是這樣的狀況只有過了一週，Jack 就和我討論要回到原來的辦公室上班，並且承諾他會減少抽煙的次數。

我詢問他原因，才知道雖然在一樓的便利商店上班是很方便，但是因為沒有辦法看到同事，或者要進行溝通的時候，還是必須要到樓上的各部門，因此整體下來，在工作上並沒有比較方便。

此外，大家都認為在便利商店上班，可以一直看到美女。但是，經過他一週以來的觀察，美女最多的時間是在早上上班的時間，以及傍晚下班的時間，中間時段會看到美女的機會其實非常的低。聽到這裡我們都不約而同地笑了。

後來 Jack 還是回到自己的辦公座位上，他變得更能夠準時交付工作，以及完成所約定的事項，而抽煙的次數也變少了。

透過以上的說明，我們可以知道多一分瞭解，就會有多一分體諒；給年輕世代多一點時間與空間，讓他們學習與適應，也給自己多一點時間與他們相處，就能產生多一點共識。

## ▲跨世代的領導要怎麼做

前方說了那麼多，僅止於「年輕世代」的領導與管理，那麼其他世代呢？

職場上有很多狀況，並不是只有資深的主管面對年輕世代的管理，更多的時候是年輕的主管面對比自己更資深的部屬，要如何做好領導與管理也是一門高深的學問。

　　我曾在 2018 年針對職場五年級到八年級（民國 50 年次到 80 年次）的在職者，針對其職場特徵、工作態度、期望工作的條件，對於領導的觀感、工作與生活的平衡，以及職場溝通的喜好等做了一個職場跨世代的問卷與訪談調查。得出以下幾個結果（圖 7-2-1）：

| | 8 年級 | 7 年級 | 6 年級 | 4、5 年級 |
|---|---|---|---|---|
| 特徵 | 滑世代<br>（手機不離身） | 讚世代<br>（凡事求讚） | 夾心世代<br>（前佔位後卡位） | 責任世代<br>（經歷台灣變遷，掌握主要資源） |
| 態度 | 求自我主張 | 求突破 | 求發展 | 求安定 |
| 工作 | 自由彈性<br>自我實現 | | 獨立自主<br>有挑戰性 | 背負社會家庭期待，努力證明自己 |
| 領導 | 夥伴合作關係<br>職位≠權威 | Know HOW，<br>更要 Know WHY | 主管＝教練<br>要求＝引導 | 恩威並濟<br>領導明確 |
| 生活 | 工作與生活<br>融為一體 | 重視工作與<br>生活平衡 | 開始追求工作<br>與生活平衡 | 工作＝前途 |
| 溝通 | 社群媒體、手機 | | 面對面、<br>email、手機 | 面對面溝通、<br>書信往來、電話 |

圖 7-2-1

## ☀ 職場四、五年級生

他們歷經台灣變遷與開始成長的民國 60-80 年代，如今在職場上已經屬於中高齡；因為當時的環境，因此在職場的工作態度上屬於求安定，不隨意轉換工作；對於工作的期許是背負家庭的期待，透過努力來證明自己；對於主管的領導模式，希望能有明確的指令，以及恩威並濟的方式；對於工作與生活的態度是，工作就是前途，是養家的證明；職場上的溝通習慣透過面對面，書信，以及電話溝通為主，強調具體明確。

## ☀ 職場六年級生

他們成長於台灣民主建立與建設發展的 70-90 年代，見證了產業從傳統工業到現代網路科技產業；從傳統黑金剛手機到現代智慧化手機；從過去鐵路時代到現在高鐵捷運時代……等，因此六年級生可謂是職場夾心世代，他們不但看到前一輩辛苦種樹的歷程，也看到後一輩享受乘涼的歷程。因此在工作的態度是要求發展，在變化快速的環境中求生存。對於工作的期許是希望擺脫過去聽命照做的模式，而希望有更多獨立自主，以及挑戰自我的可能性；對於主管的領導模式是期望主管能夠以教練代替命令，以引導代替指導；對於工作與生活的態度是，追求兩者之間的平衡，工作要有成就，也要能享有自己的生活空間；職場上的溝通習慣是面對面，

透過電子郵件，以及手機通訊，強調說清楚講明白。

## ☀職場七年級生

　　他們成長於台灣民主建立與建設發展的 80-100 年代，正值台灣逐步民主化與便利化的年代，手機與電腦已經從過去的奢侈品，在此時成為了必需品，高鐵與捷運是日常司空見慣的代步工具。七年級生生長在開放自由的環境，因此在職場上的性格就是尋求個人的肯定，對於工作的態度希望能夠突破既有的框架，在工作上能夠實現自我，因此七年級生的工作強調自由彈性，開始拒絕「朝九晚五」的固定模式，七年級生非常重視工作與生活平衡，也就是該上班的時候上班，該下班的時候，也能夠帥氣的準時離開，享受屬於自己的時間。七年級的溝通模式，由於拜科技之賜，已經從實體的溝通轉為線上的溝通，而且成為主流。

## ☀職場八年級生

　　他們成長於台灣發展成熟與面臨轉變的 100 年代起始，如同企業成長週期，當所有的成長面臨成熟之際，隨之而來的就是轉變的開始。相較於職場前輩，八年級生的標準配備就是手機、各式新穎的通訊軟體，舒適有個性的穿著，在在顯示他們對工作的態度是求自我主張的展現，而在工作上不一定要知道自己可以做什麼，但是希望能夠快樂與成就感，享受彈性與自由；對於主管領導的模式，他們認為不在乎職

稱的大小，而是主管是否是能夠成為「聊得來」的夥伴；相較於七年級生，八年級生更期望工作與生活融為一體，也就是在工作的當下，也在享受生活，因此時下「斜槓」、「打工留學」、「打工換宿」、「線上接案」的新工作模式也孕育而生，而八年級生不但是手機的重度使用者，更是「自媒體」的創造者，善於透過網路與社群媒體，為自己發聲與行銷。

看完以上各世代的分析之後，有沒有突然覺得現在的主管比較難做啊？（苦笑），以前的主管似乎只要發號施令即可，現在的主管要面對各世代不同的個性，還要領導這些鬼才們建立共識，完成任務，真是件不容易的事！不過，不同時代的背景與能力，也說不準哪個時代的主管就比較好做。因此，團隊領導就有了「情境領導」的模式出現，針對不同部屬的型態，給予不同的領導模式，這部分我們在下一節會來說明。

雖然，職場面對不同世代的加入，形成了「五代同堂」的局面，但是唯一可以確認的是，每個世代都有其在職場的特質與期望，身為主管只要瞭解與同理各世代部屬的狀態，給予肯定與尊重，並且能夠調整身段的與其相處，必定能在工作中取得共識與支持，而完成團隊帶領的任務。

職場的需求有五種：生理需求、安全需求、社交需求、自尊需求，以及自我實現需求。

當我們成為主管的時候，我們要花更多時間在「如何規劃」、「如何帶領」，和「如何教」。而在面對新世代加入團隊的領導過程當中，更重要的是「莫忘初衷」。

與新世代的溝通與相處原則：首先，對年輕夥伴的表現要多加肯定。其次，多讚美他們。第三，給他們自由與空間。最後，多花些時間與他們相處。

每個世代都有其在職場的特質與期望，身為主管只要瞭解與同理各世代部屬的狀態，給予肯定與尊重，並且能夠調整身段的與其相處，必定能在工作中取得共識與支持，而完成團隊帶領的任務。

# 情境領導的四類型

個案研討
## 錯誤連連的小田

　　小田在Ａ公司已經服務了五年多了，目前在營業課擔任傳票整理、登錄以及與客戶交涉等工作。最近，他的辦公室遷到一個新的地方，但從那時起，小田的工作效率就變得不太理想。他在傳票的整理和分類等工作上，也發生了許多錯誤。因此，營業課馬課長曾經見他兩次，並提醒他在工作方面，要多加注意，但是，工作成果依然未見起色。馬課長檢查了記錄的結果，發現工作量仍然下滑，傳票處理方面，也明顯有許多錯誤。

　　於是馬課長在第三次找小田談話時，對他說了重話：「如果工作表現再像這樣下去，後果要自行承擔。」但是，在以後的日子裡，小田的工作表現仍然不佳，

且毫無進步跡象。於是，馬課長認為，應該要做出懲處，而去請示黃經理。

　　傳統的製造業思維，每個人都是生產線上的操作者，主管要緊盯著生產製程，不允許過程中有絲毫的偏差，就能產生良好的生產品質，所以過往的管理著重在「組織、指揮、計畫、協調、控制」，就是緊盯著每個人的每個動作，控制著每個工序就是品質管理的保證。

　　然而到了以資訊發達、創新思維的現代，特別是我們前面提到的，新世代的加入，控制已經不能完全讓員工信服願意投入工作，因此主管如何視部屬為夥伴關係而不是從屬關係，讓工作團隊之間彼此信任，建立共識，才是團隊共事的基礎。

　　透過小田的案例，我們可以發現小田在工作上是出現了一些狀況，但是馬課長在過往的對話中只有針對小田工作表現的部分進行交代與提醒，而沒有進一步瞭解小田發生了什麼狀況，導致目前工作表現不佳的情形，這也是為什麼現代的領導與管理特別強調狀況的確認，以及證據的蒐集，如此在處理部屬的績效作為才能做到合情合理，不會發生衝突與爭議。

## ▲情境領導風格的四個類型

情境領導，是保羅・赫賽博士（Dr. Paul Hersey）在 1975 年所發展出一個簡易的領導力模型，讓領導者在不同的部屬身上產生有效的影響力。此理論強調領導者應關注的是「部屬需要什麼，而不是領導者自己想給什麼」。因此不論是新世代或者傳統世代的員工，企業新進或資深同仁，只要領導者能夠調整自己的風格來因應部屬當下的需求，就能夠有效領導並創造績效。

領導的風格根據「對他人的指示行為」以及「對他人的支持行為」，區分成不同的類型。

所謂對他人的指示行為，也就是主管所給予直接指導的程度。例如該做什麼、如何做、何時做、何地做，如何分工等。具體的展現為：確立目標、組織資源安排、確定時間進度、指導方法、進度控制等。

對他人支持行為，也就是主管進行雙向（或多向）溝通時，採取傾聽、協助和給予人際支援行為的程度。具體的展現為：溝通互動、鼓勵支持、有效傾聽、提供反饋、提供支援等。

領導風格的四種類型，分別是低支持高指示的指導型，高支持與高指示的理解型、高支持低指示的溫情型、以及低支持低指示的委任型。（圖 7-3-1）

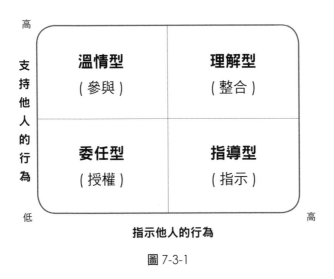

圖 7-3-1

### ①指導型領導

此類型的主管為了強調目標的達成，以較為強勢的監督、控制的方式來「指示」部屬的行動。即使是團體活動的目標及方針，也由領導者的決定為主。

比方說為了趕上筆電的出貨交期，生產課長分派所有作業員的排班與工作，並且隨時檢驗各站的產出與品質。

### ②理解型領導

此類型的主管會考量人與工作兩個層面，以兼顧效率與效果的方式達成目標。在部屬共享資訊與討論後，由領導者「整合」出可與部屬共同進行的團體活動。

比方說，為了贏過競爭對手市場的佔有率，營業經理召開各部會議，讓各區主管充分說明各區目前的狀況，以及針對討論行銷與銷售策略，提出自己的看法。最後由營業經理選擇最佳的執行方案，分派任務。

### ③溫情型領導

此類型的主管重視本身與部屬之間的關係，致力於維持友好氣氛以求達成目標。會開放式的邀請部屬「參與」團體的決策，並以團體的決策為最後執行依據。

比方說，總務部門要舉辦公司內部「無紙化」活動，於是總務課長召集了課內所有同仁，讓大家對執行的方式，充分表達自己的看法與建議。在不熟悉的領域，總務課長從旁給予很大的鼓勵與支持，希望大家在本次活動上能夠勇敢嘗試不同的執行方式。專案執行期間，總務課長還叫了下午茶慰勞所有同仁，讓所有成員都倍感尊重，更加投入在本次活動上的準備。

### ④委任型領導

此類型的主管對團體活動的進行及目標設定都由部屬決定，對每一個部屬的行動也盡可能不做具體的指示與控制，完全「授權」部屬自由發揮。

比方說，行銷部門要舉辦產品說明會，於是行銷經理召集品牌課、推廣課，與行銷課的成員組成專案團隊，並授權團隊全權來規劃與執行該計畫，於是專案團隊從事前的規劃、場地佈置、活動安排，以及事後的意見調查等，都表達了自己的看法，並且在既定的時間內完成產品說明會的執行。

## ▲因材施教的四大領導法則

正因為時代變化快速，人的因素變得複雜，主管在工作分配上要考量部屬的能力、經驗、特質、潛力來分派工作（詳見第二章目標設定與任務交辦）；在溝通上要瞭解不同個性的人要採取不同的溝通方式（詳見第五章主管的溝通藝術），在部屬培育上要瞭解部屬能力與意願的狀態，給予因材施教的指導與發展（詳見第六章部屬培育與工作指導）。所以同理可證，在團隊領導的過程中，也要視整體團隊，與部屬個人的狀態，給予不同的領導方式，而不是只用一種方式面對所有的狀況。

在面對團隊與部屬個人的狀態，我們可以區分以下四種類型，以及面對這些狀態，主管可以採取的領導作為。（圖7-3-2）

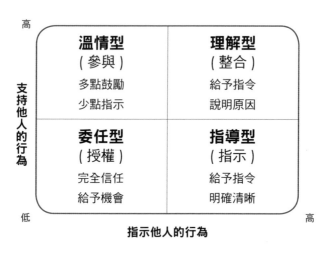

圖 7-3-2

接下來我們透過不同的案例來說明不同情境下的領導作為：

### ①部屬欠缺動機不想做，內心感到不安，也做不好的時候

個案研討

**維修課的阿賢**

阿賢，在維修課任職 10 年，在部門裡就屬他最資深了。小林剛進廠時，阿賢還是小林的師傅，後來因為小林的表現傑出，晉升成維修課的課長，瞬間成為了阿賢的主管。

阿賢平常就跟其他部門的資深同仁在一起吃飯抽菸，

跟部門裡年輕的同仁卻很少有互動，雖然阿賢是部門裡面的輔導員，但也從沒看到他有教導年輕同仁什麼事情。

不管廠裡忙或不忙，阿賢經常就是交差了事，馬馬虎虎的，常常把他不想做的事丟給年輕的同仁，小林有時候提醒他一下，他也就嘴巴上說好，沒隔多久又一樣了。小林記得當初剛來時，阿賢還會跟小林一起討論很多改善的做法，現在的阿賢看起來完全沒有衝勁了。小林在心裡也不對他抱什麼期待。

針對此一狀況，小林必須與阿賢聊聊造成工作意願與績效降低的可能原因，試著給予激勵與鼓勵，若是阿賢仍舊依然故我，小林必須告知阿賢公司對於績效考核的相關規定，以及本身對於阿賢的尊敬與期待，並請阿賢在後續的期限內，要完成績效的提升，以及行為上的改善，否則將依照公司績效考核的規定處理。

部屬在工作意願上呈現不願意或不安，也不能在特定任務上展現合格績效，就是我們在第六章部屬培育與工作指導中所謂能力低意願低的「人裁」或「問題型員工」，此時身為主管除了要瞭解部屬的狀態外，在績效改善與行為提升上要給予明確的標準，以及改善的期限，並採取「指導型」的

領導作為，也就是給予高指示低支持的方式。

此時的領導風格：「我說，我決定」。比方說小林課長交代阿賢「請將這維修資料打好字後，立即傳送給我，確認沒問題後，再寄送出去。」接到命令的阿賢，不得另行提出建議或加上自己的判斷，只能照做。其目的是為了給予部屬最後的改善機會。


### ②部屬想做也有信心做，但卻沒有能力做好的時候

個案研討

**業管課的怡君**

怡君去年七月加入業管課，是部門最資淺也比較年輕的同仁。平常跟其他同事都不錯，特別跟幾個大她一兩歲的女同事很要好，總是一起吃飯一起聊天講八卦。

每天上班都是前幾個到的，交辦的任務也還算能順利達成，主管要求加班或調班，大概只有兩三次推辭，不過，並沒有延誤到工作的狀況，或許也是因為貢獻度還不大的緣故。

整體來說，待人處事的態度，比起其他一些年資4-5年有點油條的同仁，好得多！因為怡君整體貢獻度還低，所以王課長想透過這次周會找她好好聊聊，

希望她能夠提升自己的專業度。

　　針對此一狀況，王課長可以採取關心的態度，與怡君聊聊進入部門的工作與生活適應狀態，並且對於近期所觀察到怡君做得好的地方給予讚美與肯定，接下來針對怡君工作的期許，目前可能面對的狀況與問題進行釐清，由於怡君新進，可能對於工作上有問題不知道怎麼問問題，也不知道找誰問，因此王課長可以指派部門內資深的同仁協助指導怡君的工作學習，並且表示有任何問題都可以請教資深同仁，或者是王課長，部門內的同仁都非常樂意提供協助。

　　當部屬在工作意願上呈現想做也有信心做，但還沒能力展現合格績效水準時，就是我們所謂能力低意願高的「人材」或「忠臣型員工」，此時身為主管除了要瞭解部屬的狀態外，要給予信心上的支持與鼓勵，並採取「理解型」的領導作為，也就是給予高指示高支持的方式。

　　此時的領導風格為：「我們討論，我決定」。比方說王課長交代怡君「針對你剛剛說的狀況，我可以安排小美作為你的輔導員，目的是為了協助你工作與生活上問題的解決。」如此會讓此類型的部屬在心情上受到肯定與保護而產生安全感。

### ③部屬有能力做好，但欠缺動機不想做，或擔心做不好時

個案研討

## 行銷部的大華

大華是頂尖產品工程師，從知名學校畢業，進入公司的設計部剛滿三個月。吳副理為了部門績效著想，常把重要的專案交給大華負責，大華不但能達到績效，也深獲上級的賞識。

但是最近一個月，大華的工作態度並不好，除了會依照自己的喜好挑工作，與課內同仁相處也不融洽，更糟的是，他的出勤狀況非常差，時常遲到早退。課內同仁紛紛向吳副理抱怨，吳副理也感到非常困擾。

針對此一狀況，吳副理可以採取關心的態度，與大華聊聊進入部門的工作與生活適應狀態，並且對於近期所觀察到大華做得好的地方給予讚美與肯定，接下來針對大華工作的期許，目前可能面對的狀況與問題進行釐清，由於大華工作能力優秀，加上吳副理過去的工作分配不當，可能造成大華工作壓力的增加，或心理上的不平衡，因此吳副理可以承諾未來會妥善安排工作任務的交辦，讓大華與其他同仁之間能夠有更多的合作與互動的機會

當部屬具備有高度工作能力展現合格績效水準，但是在意願上呈現不想做，或沒有信心做，就是我們所謂能力高意願低的「人才」或「英才型員工」，此時身為主管除了要瞭解部屬的狀態外，要給予信心上的支持與鼓勵，並採取「溫情型」的領導作為，也就是給予低指示高支持的方式。

此時的領導風格為：「我們討論，你決定」。比方說吳副理交代大華「針對你剛剛說的狀況，我之後會合理安排所有的工作，並且讓你有機會可以參與不同專案的規劃與執行，你覺得如何？」如此會讓此類型的部屬在心情上受到尊重而願意展開心胸，提高工作意願與信心。

### ④部屬想做也有信心做，也有能力做好時

當團隊與部屬具備有高度工作能力展現合格績效水準，而且在意願上呈現樂意做，且有信心做，就是我們所謂能力高意願高的「人財」或「將才型員工」，此時身為主管除了要瞭解部屬的狀態外，定期寒暄問暖瞭解其當下狀況，並採取「委任型」的領導作為，也就是給予低指示低支持的方式。

此時的領導風格為：「你決定，我信任你」。當個人呈現此一狀態時，團隊也就進入成熟期，也就是團隊能表現主動積極的行動、成員都能掌握狀況與遊戲規則，熟悉夥伴彼此的專業與個性，在工作上能夠清楚自己的角色並有彈性，

溝通時具備開放與正向的態度，對於目標與做法有強力的共識，在執行中能夠建立信任形成默契，即使是艱難的任務也可以展現績效。

## ▲關於團隊領導之我見

一位稱職的主管應該要具備類似於輔導員、教練的角色，主管必須以身作則，期許團隊做到的事情，自己就要先示範榜樣給他們看。

將部屬視為自己一起同甘共苦的夥伴，與部屬之間必須建立共識；有共識，共事才會有默契；有默契，工作才能夠更順利運作。

當團隊與部屬的狀態成熟了，就應該授權讓他們去歷練，去感受，雖然主管要承擔一些風險，但是累積的經驗可能是未來團隊快速運作的養分。

經常性的跟部屬做工作會談，讓部屬瞭解他們表現的如何，以及知道接下來我們的下一步是什麼

不要吝嗇稱讚團隊與部屬，這是最容易也是最佳的好禮物。

最後才是在主管本身條件許可下，依能力獎勵團隊的努力，向團隊展現主管的領導魅力。

領導的風格根據對他人的指示行為高低以及對他人支持行為高低，區分成四種類型，分別是低支持高指示的指導型，高支持與高指示的理解型、高支持低指示的溫情型、以及低支持低指示的委任型。

部屬欠缺動機不想做，內心感到不安，也做不好的時候要採取「指導型」的領導作為，領導風格為：「我說，我決定」。

部屬想做也有信心做，但卻沒有能力做好的時候，要採取「理解型」的領導作為，領導風格為：「我們討論，我決定」。

部屬有能力做好，但欠缺動機不想做，或擔心做不好時，要採取「溫情型」的領導作為，領導風格為：「我們討論，你決定」。

部屬想做也有信心做，也有能力做好時，要採取「委任型」的領導作為，領導風格為：「你決定，我信任你」。

# Chapter 8

# 績效管理與員工發展

人們會去做能夠受到獎勵的事情，
而不會去做他所害怕受到處罰的事情。

管理專家 米契爾‧拉伯福
（Michael Leboeuf）

# 績效評核常見的問題

個案研討

## 傷腦筋的 Helen

又到了一年一度的績效評核時間。身為 14 位員工的主管，Helen 一想到這件事情就頭痛，因為這表示她得在繁忙的行程表裡，擠出和每位部屬面談的時間、填寫繁瑣的表格，還得回想同事過去的表現如何，盡可能公平客觀地評價，才能應付不斷上門「討債」的人資同事。現在 Helen 滿腦子只想找出一個又快又簡單的好方法，能夠立刻搞定這一切！

績效評核，是主管對部屬在工作的整體評價。其結果是成為獎懲、加薪、晉升、培訓、辭退、降職和幫助員工職業發展等重要內容的依據。

但在實際評核過程中，由於評核的標準和作法有時不夠明確、不夠公平、不夠客觀、不夠透明等問題的存在，無法

達到預期的效果，進而影響到企業相關的決策和措施，以致績效評核無法充分發揮效用。

## ▲績效評核常見的問題

### ☀把績效評核當成是績效管理

「打考績」這項工作之所以累人又討厭，是因為我們常常誤把「績效評核」與「績效管理」畫上等號，以為績效管理只是主管對員工的年度評分大會。事實上，績效管理的範疇比績效評核大多了，也不是由上而下的單向管理，而是一個主管與員工持續雙向溝通的歷程，透過雙方不斷互動合作，達到「預防疲弱表現、提升績效」的效果。

績效管理是一個管理的循環，由績效計劃、績效輔導、績效評核、結果應用四個部分組成。因此績效評核只是績效管理的其中之一。這部分在下一節會有詳細的說明。

許多主管把績效評核作為重點，關注結果。卻忽略績效實現的過程，因此若在日常管理中沒有做到對部屬經常性的溝通、績效輔導、以及執行過程監控，就無法讓績效評核達到完整與公平的結果

### ☀評核指標一成不變，為評核而評核

不同季度、不同部門的評核指標應該是不一樣的。因為

企業的經營策略目標和重要工作計劃不一樣，評核不僅僅是衡量，更是找出問題，解決問題，還有預防風險的功效。如果評核目標每一年每個月都一樣，這樣的評核將失去意義，部屬也會將工作視為例行性動作，而缺乏提升工作效能的動力。

在第二章「目標設定與任務交辦」中我們有提到，部門目標的來源有：企業經營的目標、改善與創新的目標、工作職掌範圍內的例行性工作改善專案，以及主管交辦事項。因此，隨著一年中的策略不同，也會產生不同的部門目標，以及改善創新的目標。

## ☀ 主管在績效評核中的主觀性強

有的企業對員工評核一般缺乏詳細的評核指標和評核標準，同時，也缺乏相應的績效記錄，主管只是憑短期的記憶與印象在年終對部屬評核，存在較多的個人因素與主觀性，因此無法做到評核的公平性。

## ☀ 主管沒有對評核結果給予部屬回饋

很多主管在績效評核完成之後，不願將評核結果與部屬進行討論與回饋，等績效獎金核發之時，部屬看到所領的獎金推算才知道自己的績效等第。這讓績效評核變成一種黑箱作業，部屬無從知道主管對自已哪些方面感到滿意，哪些方面需要改進。

出現這種情況往往是主管擔心將結果告知部屬會引起部屬的不滿，在將來的工作中採取不合作或敵對的工作態度。也有可能是績效評核是主管主觀所給予的結果，如果照實回饋給部屬，也勢必引起巨大反彈。

此外，也有可能因為主管本身對於績效評核的意義與目的不是很瞭解，加上缺乏良好的溝通能力，使得主管沒有能力和勇氣跟部屬做績效評核結果的回饋。

## ☀ 評核結果只是薪獎的依據

績效評核不只是為了發薪資與獎金，應該將重心放在績效改進和績效面談分析上，同時要根據績效結果，進行有效的人力資源管理改進，比如做工作的調整、員工能力培訓與輔導等。

績效評核常見的 5 大問題：
① 把績效評核當成是績效管理
② 評核指標一成不變，為評核而評核。
③ 主管在績效評核中的主觀性強
④ 主管沒有對評核結果給予部屬回饋
⑤ 評核結果只是薪獎的依據。

# 績效管理的定義與流程

　　要解決上述績效評核的問題，首先就要來瞭解績效管理的定義與流程。

　　什麼是績效？就字面上的意義來說，績效就是成績的效果。

　　試想以下這些敘述是績效嗎？

　　今年上半年做了 2000 萬元的業績。

　　本月份完成了 3 個工作指導。

　　今年完成了 5 場產品說明會。

　　我們可以說上面這三句話各是「完成了一項工作」，但是無法稱他們是「績效」。

　　因為這個工作的結果好與壞，是否達到部門與組織的預期，是看不出來的。也就是無法看出這些工作的結果對部門，對企業的價值是什麼。

如果，我們加上了目標或衡量指標，變成了以下的敘述：

今年業務部目標營業額 3000 萬元，上半年完成了 2000 萬元的業績。

本月份完成了 3 個工作指導，讓產品不良率下降了 5%。

今年完成了 5 場產品說明會，促進業績提升 10%，品牌知名度提升 5%。

這樣就會感覺這些工作成果，對企業部門的目標與價值來說有了「效果」。


所以我們可以說，績效就是「為了達到組織的目標，盡一切努力所達到的結果。」

為什麼大家要盡一切努力達到績效？

所以，我們要問兩個問題：達到這些成果，會有什麼好處？或者，在完成的過程中會得到什麼資源與支援？

首先，達到會有什麼好處？管理專家米契爾·拉伯福（Michael Leboeuf）曾說：「人們會去做能夠受到獎勵的事情，而不會去做他所害怕受到處罰的事情」。也就是華人世界所謂的「趨吉避凶」，既然是對自己好的事情，就會往這方面去做，而盡量不要去做會讓自己受到傷害的事情。在組織裡面有哪些「好處」？舉凡薪獎、升遷、讚美，以及成就感都是。

● 薪獎

　　也就是薪資與獎金，這是我們最常見的好處，當部屬達到公司與組織績效，最直接的好處就是依照薪獎規定，在薪資與獎金上有實質的給予，所謂「重賞之下必有勇夫」。

● 升遷

　　達到績效之後，也是證明工作能力出眾，足以擔當更高職位的責任，因此依照公司晉升規定，給予職務的晉升，也是一種肯定與獎賞。

● 讚美

　　這是指在日常工作當中，主管針對部屬做得好的地方給予口頭上的肯定與讚美，我們在前面「主管的職場溝通藝術」、「部屬培育與工作指導」，以及「團隊領導與共識建立」的幾個章節中，都特別強調新世代的主管除了要會把工作做好，在對「人」的管理，特別是溝通、指導，與團隊領導中，都要先從「肯定對方」的部分開始，除了能夠拉近彼此之間的距離外，「肯定做得好的地方」也能讓部屬覺得自己的表現「有被看見」，而不只是被主管「挑毛病」。

● 成就感

　　這是指部屬本身對於達成工作的成果，在心中所產生的成就喜悅。這部分因人而異，在「部屬培育與工作指導」，以及「團隊領導與共識建立」章節中我們有提到能力與意願，

每個部屬對於工作成就感的定義與設定不同，能夠為了自己成就感而「盡一切努力」的員工，都是意願上非常強烈的人。

因此，我們可以說，有了這些好處，會讓人產生動力與意願，想要完成績效。這就是米契爾 . 拉伯福所說的：「人們會去做受到獎勵的事情。」

另外，即使我們在工作中有執行的動力，但是也會遇到工作無法順利完成的狀況，此時就會需要外部的資源與支援幫助我們解決現況，讓工作得以順利完成，達到績效。這些狀況包括：知識缺乏、技能不足、權限不夠。

在第六章「部屬培育與工作指導」中，我們有提到每個工作有其應具備的能力與特質「KASE」，包括應該要知道的知識（Knowledge）、必須要具備的特質（Attribute）、應該要會做的技術（Skill），以及最好要具備的經驗（Experience）。當工作執行的過程中，發生超過我們所知道，以及能力範圍外的狀況，就會讓工作面臨無法執行下去的狀況。

除此之外，也會發生我們在第三章「計畫展開與日常管理」中所提到，在工作的執行中遇到非我們權責所能處理的狀況，比方說遇到涉及計畫變更或者執行方式的改變，需要由更高階主管來做決定的時候，也會讓工作面臨停頓的狀況。

在這個時候，主管如果能夠在日常管理的過程中，提供部屬必要的培訓與協助，比方說專業能力的培訓、工作中的

指導，或者提供外部資源與授權，協助部屬在工作的執行中有更多的方法與權限可以完成工作。

因此，我們可以說有了資源與支援，會讓人有能力，去完成績效。

綜合以上說明，我們可以再為績效管理做更明確的定義：績效管理，是為了達到組織的目標，讓人有能力與意願去達成結果的管理作為。

## ▲績效管理的流程

績效管理的流程，就是在期初設定目標與績效指標，期中進行績效進度跟催與日常管理，以及期末績效評核與發展的管理作為。（圖 8-2-1）

### ☀期初設定目標與績效指標

績效管理的第一步，是主管和部屬一起討論、確認，部屬在接下來一段時期裡應該完成的任務、要做到什麼程度、為何要完成這些事、何時應該完成，以及其他特定事項，例如部屬能自行決定權限的範圍。使部屬理解、接受，心甘情願；使他們感覺到這些指標是自己設定的，使他們意識到達成公司的績效目標和指標，能夠幫助自己有更好的利益和前途。

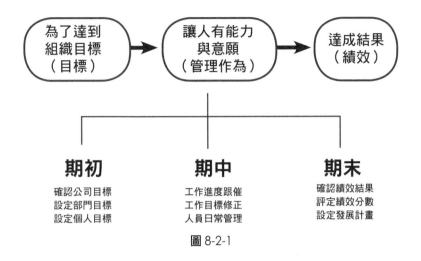

図 8-2-1

　績效目標要明確、可衡量,更要夠務實,避免設定一個遙不可及的標準,打擊部屬的信心。當然,也別忘了和部屬談談可能遇到的障礙或挑戰,適時提出建議,讓對方做好心理準備。(詳細內容,可以參考第二章「目標設定與任務分派」。)

　設定目標有助於提升績效。只是雙方有時候對於目標的細節看法、認定不同,因此主管有義務透過面談,與員工達成共識。主管可以透過一對一會談,也可以利用部門會議下達任務,會後再個別會談。

## ☀ 期中績效進度跟催與日常管理

設定完工作目標後，根據這個共識，主管要在接下來的工作過程中不斷與部屬進行討論與回饋。比如工作計畫如何展開、工作的優先順序、資源的取得、時程的安排、有哪些應該要注意的風險，以及團隊成員要如何在日常工作中進行進度報告與討論等。（詳細內容，可以參考第三章「計畫展開與日常管理」。）

工作進行中主管要帶領部屬共同排除狀況，讓工作得以順利進行（詳細內容，可以參考第四章「問題分析與工作改善」。）

為了給予部屬必要的資源與支援，因此主管在日常管理中的溝通、培育，以及團隊領導上就要特別用心，而且要隨時與工作團隊保持「狀況共有」（詳細內容，可以參考第五章「主管的溝通藝術」、第六章「部屬培育與工作指導」、第七章「團隊領導與共識建立」）。

主管的主要工作就是輔導、幫助員工如何達成工作績效。績效管理不只是事後評核，更重要的是過程中給予資源與支援；幫助員工發現問題，改善績效，提升能力。而這是一個雙向的過程，用來追蹤進度、找出績效障礙，提供雙方達成目標所需的資訊。主管給予意見回饋的場合可以是正式的部門會議，或者是非正式的個別會談，目的都是讓部屬隨時了

解自己的現況，適時做出相對應的調整。

　　最重要的一點是，主管應該為每位部屬建立一份個人檔案，記下績效面談的摘要，以及所注意到的大小好壞事情，以便事後評估績效時有所依據。

### ☀ 期末績效評核與員工發展

　　經過前兩階段的工作進行，主管會根據一段時間以來對員工的觀察（可能是每月、每季、半年），以及日常工作管理的紀錄，對部屬進行評核。主管只要前兩個階段做得好，日常管理有不斷與部屬進行溝通、調整，與給予協助，並且有確實做好記錄，理想狀況下，部屬對於自己的表現大多心中有底，最後的評核結果通常不會出現太大的意外。

　　主管透過績效面談，積極與員工溝通，回饋評核結果。過程是透明的、公正的、公平的，讓部屬在整個過程中是被尊重的。主管可掌握兩種心態：一是教練的角色，協助部屬透過績效評核看見自己的狀態與可以改善的地方。二是透過這個過程讓主管與部屬都瞭解評核是為了讓彼此更好，更進步，不是單單為了獎懲。

　　寫到這裡，各位應該有發現，績效管理，就是前面 1-7 章的「集大成」，也是主管在管理工作中的最終驗收。

績效就是「為了達到組織的目標,盡一切努力所達到的結果。」

. . . . . . . . . . . . . . . . . . . . . . . . . . . . . . . . . . . . .

滿足「好處」會讓人產生「動力與意願」,想要完成績效。這就是米契爾.拉伯福所說的:「人們會去做受到獎勵的事情。」

. . . . . . . . . . . . . . . . . . . . . . . . . . . . . . . . . . . . .

主管在日常管理的過程中,提供部屬必要的「資源與支援」,讓部屬有「能力」去完成績效。

. . . . . . . . . . . . . . . . . . . . . . . . . . . . . . . . . . . . .

績效管理,是為了達到組織的目標,讓人有能力與意願去達成結果的管理作為。
績效管理的流程,就是在期初設定目標與績效指標,期中進行績效進度跟催與日常管理,以及期末績效評核與發展的管理作為。

. . . . . . . . . . . . . . . . . . . . . . . . . . . . . . . . . . . . .

績效管理,就是前面 1-7 章的「集大成」。也是主管在管理工作中的最終驗收。

# 績效評核的方法與要點

## ◼ 績效評核要避免的偏見

績效評核要能夠做到理性、公平，主管就要避免以下常見的偏見影響：

### ☀ 光環效應（Halo Effect）

當主管對一個人印象好，很容易會對部屬的所作所為都給予過高的評價。反之，有些部屬在主管心中本來就有不好的偏見，就算他表現不錯，也會視而不見、甚至刻意扭曲。

### ☀ 近因效應（Recency Effect）

人們通常會以最近一次相處的感受，做為對他人的整體印象。假設評核的日子為 7 月 1 日，主管可能會以部屬 5、6 月份的表現來評量。

### ☀ 集中趨勢（Central Tendency）

有些主管，經常會因為不知道如何判斷員工表現，最後乾脆保守行事，通通評為相同的分數。這不僅有損主管的信

用和判斷力，也無法區別部屬表現的好壞，甚至讓優秀員工感覺不受尊重。

### ☀基本歸因偏誤（Fundamental Attribution Error）

主管在評斷員工的言行和績效時，可能會過度聚焦在對方的性格或能力，忽略了也會影響其工作表現的環境因素。例如，A員工性格不拘小節，主管心裡就默默認定，上次提案出包一定是他粗心大意所致，自動排除掉其他可能的原因。

要避免上述的偏見影響，最好的方法，就是主管在整段工作期間都要隨時與部屬進行溝通與指導，並且針對溝通的結果留下記錄，以作為評核參考的依據。

## ■績效評核的過程

### ☀確認評核指標

一般來說績效指標區分為工作目標項目，以及行為指標項目兩部分：

① 工作目標項目，就是為了達到企業經營目標、改善與創新的目標、與本職工作相關的目標，以及主管交辦事項等。透過期初的目標設定 SMART 原則區分每個工作應完成的程度與權重，設定績效指標。比方說，在 2022 年 12 月 31 日前完成 A 產品的業績營收達到

1000 萬新台幣，佔年度工作比重 30%。

② 行為指標項目，就是除了工作目標項目外，針對部屬行為是否符合關鍵行為所設立的指標，其目的是為了符合企業核心文化、工作應具備的態度，使部屬除了重視工作績效的達成外，在行為上也能夠符合工作與常理的規範。比方說，團隊精神、顧客導向、創新思維等。

### ☀ 確認評核基準

在確認指標項目之後，接下來就要確認評核的基準，通常會區分五個等級：遠超越標準、超過標準、符合標準、低於標準，以及遠低於標準。

### ☀ 績效評核的方式

過去績效評核都是由主管直接進行評核，優點是主管對於整個部門的工作表現較為暸解，缺點就是容易發生績效評核的偏見。

因此，許多企業會採取部屬自評後，交由主管複評的方式進行。其優點是由部屬先對自己的年度工作表現進行審閱與評分，再交由主管複評，如此在雙方進行績效面談時可針對相同與不同的地方進行討論。缺點就是部屬自評通常會把自己的表現給予高的評分，不管是自我感覺良好，或者是讓主管來「殺價」，這都失去原本自評的用意。（圖 8-3-1）

| 一、工作目標評核 60% | | | |
|---|---|---|---|
| 評核指數說明：5: 常常超越標準；4: 偶爾超越標準；3: 符合標準； 2: 待改進；1: 表現不佳 | | | |
| 工作目標內容 | 權重 | 員工自評 | 主管評核 |
| | | | |
| | | | |
| | | | |
| | | | |
| | | | |
| 小計 | 0% | 0% | 0% |
| 員工自評（需具體說明） | | | |
| 主管評核（需具體說明） | | | |

| 二、核心職能改善目標評核 40% | | | |
|---|---|---|---|
| 評核指數說明：5: 總是做到；4: 經常做到；3: 偶而做到；2: 很少做到；1: 從未做到 | | | |
| 項目 | 改善目標內容 | 員工自評 | 主管評核 |
| | | | |
| | | | |
| 平均評核指數 | | | |
| 評核內容需具體說明 | 員工自評 | | |
| | 主管評核 | | |

圖 8-3-1 績效評核表

要避免以上這些狀況，最佳的方式就是主管平時做好日常工作記錄（月報、週報），以及與部屬訪談的資料表，如此在複評的過程中也可以降低部屬的質疑與抗拒感。

個案研討

### 鬱鬱寡歡的小金

E 公司的績效評核設有強迫分配的制度，每年只有表現前 5% 最優的人可以拿到 A+，次優的 15% 可以拿到 A，工作符合標準的 50% 可以拿到 S，表現有待加強的 20% 可以拿到 B，表現最末的 10% 只能拿到 C。

小金進公司兩年，在設計部的年資最淺，平時工作認真 也很少出錯，主管劉經理評定他的績效分數原本可以拿到 A，但因為被強迫分配制度的規範只能拿 S，劉經理跟他說：「我給你打很高的分數，但是無奈公司的規定，只有少數人能夠拿 A」。

小金覺得大概等到自己變成老鳥，才能有機會拿到比較好的績效，心裡覺得忿忿不平，既然不管怎麼努力都只能拿到 S，那何必還要認真工作呢？小金的工作動力就越來越低落。

強迫分配法一直是讓很多主管傷腦筋的評核方式，意思是公司會把同一個等級的員工拿來一起作一個評比，決定哪些人是這個等級的員工當中的較優秀、中等、較差的員工，強制把員工進行排名與分級，而作為獎金與未來的升遷的依據。（圖 8-3-2）

| 績效分數 | 96~100 | 90~95 | 80~89 | 70~79 | 60~69 |
|---|---|---|---|---|---|
| 績效等第 | A+ | A | S | B | C |
| 員工人數比例 | 5% | 15% | 50% | 20% | 10% |

圖 8-3-2

強迫分配法來自美國奇異公司（GE），傑克．威爾許曾公開表示：「公司必須重視與培育前 20％ 的員工，同時必須培養換人決心，以人性的方式來改變那末端的 10％，而且要每年執行。如此才能創造真正的菁英族群，並使其枝繁葉茂。」

因此，我們可以知道強迫分配制度是在「鼓勵優秀的員工」、同時「給表現不佳的員工壓力」。但是每個企業是否有能力或是有必要這樣做，也是應該要考慮的事情。比方說有一些公司在管理上本來就是非常嚴格的，所以很多表現不佳的員工原本就很難在公司內部生存下來，這對很多主管來說，到了年底的時候，表現不佳的員工早就都已經離職了，

這時還硬是要再把還在職的員工加以評等，就不會是一件愉快的事情；此外，有些公司部門人數都在 10 人以下，每個課級單位甚至只有 1 到 3 人，每個單位的專業與執掌都不盡相同，要真正做到「強迫分配」也不是一件容易的事情。

## ■ 績效評核的關鍵，在於背後的管理意涵

績效評核的初始目的是：辨別員工的年度工作表現，依據其表現決定如何透過提升員工績效，進而提升公司整體績效。

比方說小馬經過年度評核的各項分數如下（滿分 10 分）：

① 專業能力：7 分（勉強及格，但有改進空間）

② 溝通能力：6 分（無法清楚表達自己的想法）

③ 成長潛力：8 分（剛到職時什麼都不懂，現在已經可以獨當一面）

④ ……（以下略）

識別出這些狀況後，陳經理針對評核結果給小馬回饋，並告知小馬努力的目標，讓小馬能朝向正確的方向改進。但是很常出現的狀況是，陳經理直接告訴小馬「你的評核分數排在部門的中段，評核拿 S，年終獎一個月，部門有 30% 的人排在你前面，請多多努力。那小馬的心情就不同了，他只得到一個等級跟排名，卻沒有獲得其它對小馬有幫助的資訊，

這個評核只對公司有意義，對小馬個人卻沒有任何價值，因此小馬自然會產生負面的情緒。

我們在第六章「部屬培育與工作指導」中有提到「工作績效就是能力乘上意願的結果。根據能力與意願高低，我們可以將組織內人才區分成四種類型：能力高、意願高的人財；能力高、意願低的人才；能力低、意願高的人材；能力低、意願低的人裁。」（圖 8-3-3）

根據美國奇異公司（GE）的強迫分配法，其目的在於透過績效評量將員工區分為表現最優秀的前 20%（人財、人才）、不可或缺的中間 70%（人材）以及表現不佳的最後

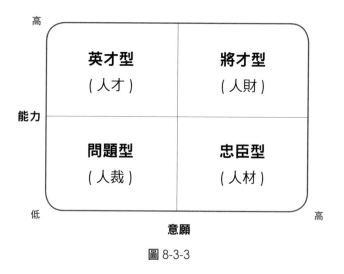

圖 8-3-3

10%（人裁）。

對於表現優秀的員工，公司應給予適當的激勵和留任措施，避免這一群人才的流失；針對績效表現中等的員工，則提供各種教育訓練及獎勵措施，讓這一群人可以在能力上有所成長，公司也可以跟著進步；至於那些表現不佳的員工，則不見得是他們的能力出了問題，也有可能是因為和組織文化、經營理念不符，而導致工作動機低落，或是員工被放置在一個不適合他個人特質的位子上，所以需要進一步的釐清問題，進而解決這個績效不佳的問題。（圖 8-3-4）

我過去經歷過幾種績效評核方法後，有以下幾點感悟：

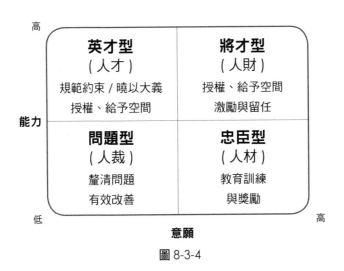

圖 8-3-4

多數人能接受自己有待改進之處，但不喜歡被拿來跟他人做比較。

多數人希望自己能透過績效反饋，而得知自己哪邊表現不好，並加以改進；但不喜歡只看到一個冷冰冰的評核分數。

多數人希望追求有意義的 Why，而不希望盲目的追求一個 KPI 數字。

如果績效評核分級的目的，是為了讓不同表現的部屬接受不同的指導或培訓，那對部屬來說是一個正向的評核過程，但若「只是」容易決定獎金的分配或判斷升遷的排名，那對部屬來說，只會造成負面的效應。

績效評核要避免的偏見有：光環效應、近因效應、集中趨勢、基本歸因偏誤。要避免上述的偏見影響，最好的方法，就是主管在整段工作期間都要隨時與部屬進行溝通與指導，並且針對溝通的結果留下記錄，以作為評核參考的依據。

確認評核指標項目包括：工作目標項目，就是為了達到企業經營目標、改善與創新的目標、與本職工作相關的目標，以及主管交辦事項等。行為指標項目，就是除了工作目標項目外，針對部屬行為是否符合關鍵行為所設立的指標。

確認評核基準包括：遠超越標準、超過標準、符合標準、低於標準，以及遠低於標準。

績效評核的方式，要避免主管評核與部屬自評的差異過大，最佳的方式就是主管平時做好日常工作記錄（月報、週報），以及與部屬訪談的資料表，如此在複評的過程中也可以降低部屬的質疑與抗拒感。

績效評核的關鍵，在於背後的管理意涵，對於表現優秀的員工，公司應給予適當的激勵和留任措施，針對績效表現中等的員工，則提供各種教育訓練及獎勵措施，至於那些表現不佳的員工，需要進一步的釐清問題，進而解決這個績效不佳的問題。

# 績效管理正確的作法

多數公司在談績效管理這件事時，其實還是非常強調控制，然而績效管理真正重點應該放在回饋，以及協助員工提升工作能力。

主管與其要花一大堆時間，給部屬一個績效分數，以確認他的工作表現，不如時間花在給員工回饋，讓他知道哪邊做的好，哪邊做不好，必要時提供主管的經驗與建議給他，讓他工作能力不斷提升，並把事情愈做愈好。

績效評核一年做一次，有些公司做兩次（上下半年各一次），若一年才給部屬一次回饋，而這些回饋又都只有近期發生的事情，當部屬無法從主管身上得到及時的回饋，他就無法在當下做修正，自然也失去了從那個當下開始改進的機會。

所以身為主管要做好績效管理，可以透過以下的步驟流程：

## ▲界定工作應具備的能力，明確評核標準。

主管對所屬部門的每個工作應具備的條件（KASE）要有明確的認知與瞭解，因此工作目標的設定，與績效指標的訂定，才能顯見每個職位應該有的表現依據。而這些標準與依據，也要同步讓部屬知道與明瞭。

## ▲請公司對主管進行培訓

主管是績效指標的制定者，也是績效管理的執行者，因此對於績效指標的設定、日常績效管理可能出現的問題與因應，以及績效評核的方式都必須瞭解與熟知，如此才能在績效管理的每個環節都能結合公司的制度與管理的手法，對部屬進行有效的領導與管理。

## ▲實行多面向績效評核

除了進行部屬自評外加主管複評的方式，有些企業也會採用「工作關係人評鑑法」，也就是邀請與部屬相關的跨部門同仁，或者外部客戶、供應商等，加入績效評核的行列，以便對部屬的工作表現能夠有全方位的評比與建議，也可以

避免單一主管評核所產生的偏差。不過要多少面向，以及實施的可行性，也要視企業的文化與組織成熟度而定。

## ■重視日常回饋與溝通指導

為了讓績效評核不是一次性的主觀決定，主管就必須在日常管理中的溝通、培育，以及團隊領導上特別用心，而且要隨時與工作團隊保持「狀況共有」。

## ■評核後的發展計畫，至關重要

對於評核結果令人滿意的人財（能力高、意願高的將才型部屬），希望他繼續保持現有績效，給予其必要的資源與支援授權其自由發展。

對評核結果具有進步空間的人才（能力高、意願低的英才型部屬）與人材（能力低、意願高的忠誠型部屬），幫助其制定績效改善與培訓計劃，以期望能夠提升工作績效。

對於令人不滿意又無法改善的人裁（能力低、意願低的問題型部屬），透過釐清問題所在，並且將狀況上報主管與人資單位協助處理。

績效管理的過程中，讓部屬有更多的參與，多數的溝通

落差會自然被解決，而且，知道為何而戰的部屬戰力將明顯提升。

　　過去我在組織中的經驗，我每個月會盡可能的花時間跟部屬面談，時間不一定要很長，但一來看看部屬有沒有需要我協助的地方，二來則針對這個月的狀況給他回饋與建議。實際在日常工作上，只要我覺得有需要特別提醒的地方，會議中或會議後我都會給予部屬回饋。由於日常管理做得確實，到了最後績效評核的階段也就不需要太過擔心。

要做好績效管理，主管應該：

界定工作應具備的能力，明確評核標準。

請公司對主管進行培訓。

實行多面向績效評核。

重視日常回饋與溝通指導。

評核後的發展計畫，至關重要。

讓部屬有更多的參與，溝通的落差會自然被解決，而且，知道為何而戰的部屬戰力將明顯提升。

績效管理真正的重點應該放在回饋，以及協助部屬提升工作能力，而非強調控制。

# 建立屬於自己的領導管理風格

## 從新手變菁英

與其羨慕他人可以成為有能力又受歡迎的主管，那麼我們可先從哪裡下手，讓自己成為那樣的主管？若要再精進，又要怎麼做？

　　好的主管不但在工作的層面上具備專業執行力、能夠解決問題，達到公司預期的績效。在為人處事上，也要具備勇於承擔、協助溝通，並且做好本身情緒管理的特質。

　　孫子兵法有言：「知己知彼，百戰不殆」意思是說，如果我們能知道自己的能力與特質，了解工作樣貌，以及他人的狀態，當我們遇到所有的狀況、挫折，或危機的時候，我們不會感覺到害怕。

　　沒有人天生就會當主管，也不是誰天生都具備溝通能力。很多人說向上溝通，通常都是在討好老闆而已，但是殊不知「討好老闆」，讓老闆滿意，也是一件重要的事情，重點是我們討好老闆的目的是什麼？其實是為了讓老闆把更多的資源撥給我們，然後再將這些資源分享給我們的部屬，讓部屬覺得「向上管理」這件事情，其實對我們團隊是好的，而不是增加主管自己個人的利益。因此在溝通的層面上，主管心裡要想的是部門、團隊的利益，如此在溝通上就比較能當責。

　　所以，做主管心態上要挑戰的，就是是否能夠毫無保留地教導他人，要抱持著「我只要讓我的部屬學會所有的工作能力，我就輕鬆了！」當部門內大家都成為即戰力，工作上

能夠做出應有的品質與成果，那也就是大家有福同享的時刻。

那麼，要怎麼在擔任主管的過程中，形塑屬於自己的領導管理風格呢？我們可以透過「望聞問切」四個步驟來進行：

## ■望：觀察我們的主管，
### 以及各部門主管都是怎麼思考、怎麼做

不同階層主管有不同的視野，基層主管在執行力，中階主管在承上啟下的整合力與跨部門溝通力，高階主管在宏觀的策略能力。

我很感恩過往我的經理在我擔任課長時，願意帶著我去參加跨部門溝通的會議，進行專案報告（績效管理制度建置與推行），因此我很早就開始參與跨部門溝通會議，只要是人資與各部門相關的事項協調，我都願意去參與（雖然不是每次都能有順利的結果），但是透過這個過程，可以瞭解上一層主管的思維與做事原則。

也很感恩我的副總在我擔任經理的時候，讓我去擔任高階主管月會的主持人，負責所有事業群的月報與經營管理讀書會的整理，另外也讓我參與每年績效總評與人評會，直接與 CEO（執行長）、CMO（行銷長），與 CSO（業務長）面對面針對全集團績效管理內容進行討論與調整。從這過程中

更清楚瞭解經營層對績效達成與分配的觀點與考量。

## ▲聞：參加社群與讀書會，
### 看看業界其他夥伴都怎麼做

我過去曾參加很多人資的認證班，因此認識很多業界好朋友，除了學習專業知識外，也能瞭解不同產業的作法。此外，透過參與各種讀書會，與作者或者來自各行各業的主管，共同交流領導與管理心得，讓我在工作中專案的規劃思考能夠有更廣、更全面的看見，並且有很多參考與借鏡的依據。

## ▲問：想一想自己想要成為什麼樣的主管

我們在前面的章節裡有提到西遊記團隊，而這個團隊的領導者是唐僧，他雖然沒有很強烈的個人魅力，但是他本身卻有很強的信念與使命感，同樣可以帶出西遊記團隊達成使命。而為年輕世代所喜歡的「航海王」船長魯夫則是另外一種領導風格的主管，他同樣有很強烈的使命感，但對於同船夥伴卻完全尊重與授權其發揮專長，讓整個團隊都能在各司其職的狀況下，共同邁向偉大的航道。

因此，沒有絕對好的主管，只有最適合組織與自己領導風格的主管，因此每一個人都能在自己的能力與特質下成為一個稱職的主管。

## ▲切：聽他人的故事，走自己的路，展開自己的行動與學習計畫

成功人士的七個習慣裡的最後一個習慣就是「不斷更新」，如果想要成為自己理想中的主管，就要隨時充實自己，多聽他人的經驗與故事，收斂成為自己的養分，並且多方的學習與充實自己的專業、特質與經驗，發展出屬於自己的領導管理風格。

祝福大家在職涯的偉大航道上，都能成為屬於自己領導風格的航海王！

# 高績效主管帶人術

上司滿意 × 下屬服氣 × 團隊獲利的8大實戰秘訣

**作者**張力仁 **美術設計暨封面設計**RabbitsDesign **行銷企劃經理**呂妙君 **行銷專員**許立心

**總編輯**林開富 **社長**李淑霞 **PCH生活旅遊事業總經理**李淑霞 **發行人**何飛鵬 **出版公司**墨刻出版股份有限公司 **地址**台北市民生東路2段141號9樓 **電話** 886-2-25007008 **傳真**886-2-25007796 **EMAIL** mook_service@cph.com.tw **網址** www.mook.com.tw **發行公司**英屬蓋曼群島商家庭傳媒股份有限公司城邦分公司 **城邦讀書花園** www.cite.com.tw **劃撥**19863813 **戶名**書蟲股份有限公司 **香港發行所**城邦（香港）出版集團有限公司 **地址**香港灣仔洛克道193號東超商業中心1樓 **電話**852-2508-6231 **傳真**852-2578-9337 **經銷商**聯合股份有限公司（電話：886-2-29178022）金世盟實業股份有限公司 **製版印刷** 漾格科技股份有限公司 **城邦書號**KG4022 **ISBN** 9789862897300．9789862897393（EPUB） **定價**399元 **出版日期**2022年6月初版 版權所有·翻印必究

國家圖書館出版品預行編目(CIP)資料

高績效主管帶人術/張力仁著. - 初版. - 臺北市 : 墨刻出版股份有限公司出版 : 英屬蓋曼群島商家庭傳媒股份有限公司城邦分公司發行, 2022.06
　面；　公分
ISBN 978-986-289-730-0(平裝)

1.CST: 管理者 2.CST: 企業領導 3.CST: 組織管理

494.2　　　　　　　　　　　　　111007454